高等院校
艺术设计精品
系列教材

A R T
&
D E S I G N

玄颖双
徐志伟 查小雨
编著

包装设计

项目式教程

微|课|版

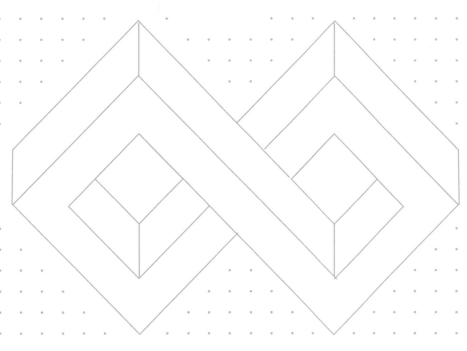

人民邮电出版社

北 京

图书在版编目（CIP）数据

包装设计项目式教程：微课版 / 玄颖双，徐志伟，
查小雨编著. -- 北京：人民邮电出版社，2022.6
高等院校艺术设计精品系列教材
ISBN 978-7-115-56760-4

Ⅰ．①包… Ⅱ．①玄… ②徐… ③查… Ⅲ．①包装设
计－高等学校－教材 Ⅳ．①TB482

中国版本图书馆CIP数据核字(2021)第123906号

内 容 提 要

本书分为两篇：基础篇、设计篇。基础篇共两个项目，分别介绍包装设计的基础知识（包括包装的分类与功能、包装材料与包装工艺、包装设计流程）、包装设计元素（包括色彩、图形、文字、创意和版式等）。设计篇共7个项目：前两个项目介绍纸盒和瓶罐包装的设计方法；接着用4个项目分别从食品包装、服饰包装、日用品包装、电子产品包装的角度出发，按照具体行业需求，讲解这4类包装的设计方法；最后一个项目介绍系列化包装的设计方法。本书将包装设计的相关知识融入各个项目中，内容编排符合包装设计的教学需求，强调技能训练和创新能力的培养。

本书适合作为艺术设计、包装设计类专业相关课程的教材，也可供广大读者自学使用。

◆ 编　著　玄颖双　徐志伟　查小雨
　　责任编辑　桑　珊
　　责任印制　焦志炜
◆ 人民邮电出版社出版发行　　北京市丰台区成寿寺路11号
　　邮编　100164　　电子邮件　315@ptpress.com.cn
　　网址　https://www.ptpress.com.cn
　　廊坊市印艺阁数字科技有限公司印刷
◆ 开本：787×1092　1/16
　　印张：12.5　　　　　　　　　2022年6月第1版
　　字数：229千字　　　　　　　2025年2月河北第8次印刷

定价：69.80元

读者服务热线：(010)81055256　印装质量热线：(010)81055316
反盗版热线：(010)81055315

前 言

PREFACE

党的二十大报告提出：教育、科技、人才是全面建设社会主义现代化国家的基础性、战略性支撑。随着时代的发展和科技的不断进步，人们的价值取向、消费观念在不断转变，产品的包装设计也向人性化、情感化的方向发展。在这样的趋势下，产品包装是否符合人们的需求，成为包装设计行业与设计师需要思考的问题，也对成为一名德才兼备的高技能人才提出了新的要求。

1. 本书内容

本书内容全面，难度适中，项目1和项目2主要讲解包装的基础知识，项目3至项目9则通过项目实训的形式讲解不同类型包装的设计方法。本书全面介绍包装设计的基础知识，在形式上采用项目式结构，充分体现理论与实践相结合的教学理念，具有较强的实用性。

2. 本书结构及特色

本书分为理论讲解与项目实训两个部分，各部分的写作特色介绍如下。

（1）理论讲解部分。项目1和项目2为理论讲解，采用"理论知识＋项目实训＋课后练习＋知识拓展"的结构。这部分内容在讲解中分析大量典型设计案例，这些设计案例来自实际设计工作和典型行业应用，具有较强的参考性和指导性，可以帮助读者更好地梳理知识并掌握设计方法。项目实训和课后练习则可以帮助读者巩固所学知识，增强运用知识的能力。

（2）项目实训部分。项目3至项目9为具体的设计案例，采用"项目目标＋项目描述＋知识准备＋

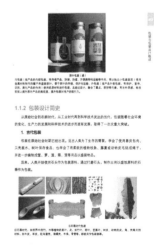

项目设计思路＋项目实施＋项目总结＋项目实训＋课后练习＋知识拓展"的结构。这部分内容在讲解中以包装设计的实际设计流程为线索，为读者完整地呈现不同类型包装设计的全过程，让读者对包装设计有更全面的了解，并根据每个项目的内容设计练习，以增强读者自身的设计能力。

3. 配套资源

本书赠送了丰富的配套资源和教学资源，读者可访问人邮教育社区网站（https://www.ryjiaoyu.com/），搜索本书书名进行下载。

（1）素材和效果文件：本书提供了项目实施、项目实训及课后练习中所有案例的相关素材和效果文件。

（2）案例赏析：每章开头都以二维码的形式提供了大量的经典案例，读者可扫描二维码查看。

（3）拓展知识：本书提供了较多的拓展知识介绍。这些知识是对书中内容的补充、说明和详细解释，能拓展读者的知识面，读者可扫描二维码查看。

（4）MP4教学视频：本书提供了与实例操作步骤对应的视频文件，读者可通过扫描书中的二维码观看。

（5）PPT等教学资源：本书提供了与教材内容相对应的精美PPT、教案、教学大纲和教学题库软件等配套资源，方便老师更好地开展教学活动。

（6）大量设计资源：本书提供了经典案例、样机效果等设计素材，以及大量拓展设计案例视频，可以帮助读者更好地进行设计练习。

4. 编者留言

本书由玄颖双、徐志伟、查小雨编著。由于编者水平有限，书中难免存在不足之处，欢迎广大读者、专家给予批评指正。

编者

2023年5月

目录
CONTENTS

01

02 设计篇

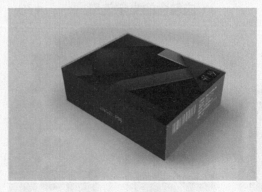

01 基础篇

项目1　包装与包装设计概述

产品有一身"好包装"，才有可能在众多商品中脱颖而出。本项目的内容包括认识包装与包装设计、包装分类与功能、包装材料与工艺，以及包装设计流程。

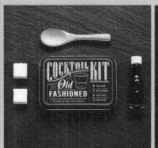

扩展图库

案例赏析

1.1 | 认识包装与包装设计

包装是实现产品价值和使用价值的重要手段，在生产、流通、销售和消费等领域发挥着极其重要的作用。设计师在设计包装前需要对包装与包装设计有足够的了解。

1.1.1 包装的定义

包装是为在流通过程中保护产品、方便储运、促进销售，按一定技术方法采用的容器、材料及辅助物等的总体名称，也指为了达到上述目的在采用容器、材料和辅助物的过程中施加一定技术方法等的操作活动。

总的来说，包装的定义可以分为两个层面：第一层面，包装是指盛装产品的容器、材料及辅助物，又被称为包装物（包装物是指为包装产品而储备的各种包装容器，如桶、箱、瓶、坛、袋等，用于储存和保管产品）；第二层面，包装是指实施盛装、封缄和包扎等技术的活动。

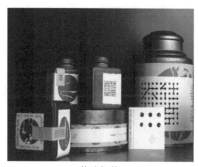

茶叶包装

茶叶包装（续）

内包装（指产品的内部包装，有存储产品、防潮、防腐、方便携带和运输等作用，常以独立小包装呈现）使用金属材料制作的罐子来盛装茶叶，便于茶叶的存储、保护与运输；外包装（指产品的外部包装，有保护、宣传、识别、美化产品的作用）使用纸质材料进行包装，在设计时融合了墨点、茶饼等元素，有古朴质感，能在视觉上提升茶叶产品的美观度，增强包装对用户的吸引力。

1.1.2 包装设计简史

从原始社会时期到农耕时代、工业时代再到科学技术发达的当代，包装随着社会环境的变化、生产力的提高和科学技术的进步而逐渐发展，取得了一次次重大突破。

1. 古代包装

包装在原始社会时期已经出现。当时人类为了生存，学会了用兽皮包肉、用贝壳装水、用树叶保存食品；也学会了将柔软的植物枝条、藤蔓或动物皮毛结成绳子，并进一步编制成筐、箩、篮、箱、笼等用品来盛装物品。

后来，人类开始使用石头作为包装原料，通过打磨石头，制作出用来盛放原料的石器作为包装。

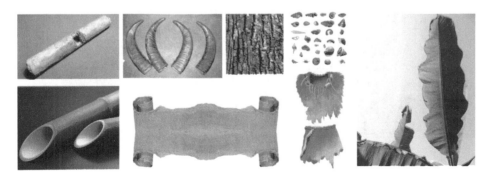

旧石器时代包装

旧石器时代，自然界中的竹、木等植物的茎叶、皮，如竹叶、荷叶、芭蕉叶、树皮；动物的皮、角、壳等天然材料，如牛皮、羊皮、鸵鸟蛋壳、海螺壳、牛角、骨管等，都被用作包装容器。

原始社会后期，陶器出现，且作为日用品被广泛使用。与天然材料相比，陶器具有防虫、防腐的特点，而且耐用性好。随着陶瓷技术的不断发展，陶器还被用于产品的存储和运输。

商周时期，青铜器大量用于制作各种包装器皿，如炊器、食器、酒器、水器等。这些器皿除了具有较强的功能性外，还具有装饰性，丰富了包装的种类，提高了包装的美观度。同时，随着商周时期养蚕技术的提高，丝绸制品逐渐被运用到衣物、药品包装中。

西汉时期，纸出现并逐渐替代了以往昂贵的丝制包装，被广泛运用到食品、药品等物品的包装中。宋代时，印刷术出现并被运用到包装中，如在纸上印宣传语、商家信息，将印刷后的纸包装在产品上，可以增加产品的辨识度。

掐丝烤蓝银粉盒
掐丝烤蓝银粉盒是一件古代化妆盒，使用掐丝工艺制作，造型小巧精致，十分美观。

传统酒包装
陶瓷的酒缸、大红的纸质标贴，是我国酒包装的传统元素。

从原始社会时期的兽皮和藤条包装，到宋代的纸质包装，包装的作用由原始的保护及容纳物品，发展为辅助宣传产品，这意味着包装开始由功能性向广告性转变，并有了内包装与外包装之分。

2. 近代包装

18世纪中期，工业革命促进了社会生产力和产品经济的发展。火车、轮船的出现使产品的流通区域逐渐变大，产品开始在不同国家之间流转。在这种情况下，为了保证产品完好，金属、玻璃等材料被广泛运用于包装。如可口可乐公司早期使用玻璃瓶作为外包装，以保证可乐不因长途运输而变质。

可口可乐早期包装

19世纪后期，品牌产品开始出现，一些品牌将富有浪漫色彩和异国情调的名称作为品牌名，并印刷在包装上；或者在产品包装上使用色彩鲜艳夺目的插画展示产品信息，以加强包装的美观度和辨识度。

早期品牌产品包装

左侧包装直接展现产品信息，使用户能通过包装直接了解产品内容。右侧包装主要展示品牌名或商标，增强了品牌信息的辨识度。

3. 当代包装

20世纪80年代以后，经济的快速发展促使包装行业进入全面发展时期，此时设计师已经能够充分利用身边常见的各种素材进行产品的包装设计，包装行业也形成了包含材料、制品、印刷、机械、设计和科研等门类的行业体系。

将图片、插画、文字等素材引入产品包装设计中，可以在增强包装美感的同时，加深用户对产品本身的认知。

Pams糖果系列包装

Pams糖果的包装设计融入了猴子、大象、松鼠等拟人化动物形象，不仅丰富了产品系列，还形成了统一的视觉风格，增强了包装的美观性和趣味性。

近年来，包装设计在创新与环保方面有重大发展。2019年9月4日，以"汇聚全球创新力，赋能包装新未来"为主题的首届"世界包装设计与技术大会"在杭州举行。大会围绕"包装新材料、新技术、新设计"三大板块展开讨论，为包装行业的绿色、生态、智能化发展提出了可行性方案。

基于当前社会发展背景和"世界包装设计与技术大会"提出的发展设想，包装设计开始从关注产品转向关注人，由追求物质功能最大化转为彰显文化与文明价值的最大化。这种目标的转换使包装设计观念产生了一系列变革，进而带动了包装生产、消费的整合与创新。

（1）以绿色为导向的包装设计

国际标准化组织（ISO）曾提出关于环境管理的14000系列标准，推动了绿色制造研究的发展，包装设计也形成了合理利用资源、能源进行"绿色包装设计"的发展潮流。绿色包装设计要求设计师从环境保护的角度考虑产品的包装设计，具体包括选用合适的绿色包装材料、运用绿色工艺手段来为被包装产品进行结构造型和美化装饰。

天然麻制作的包装袋

牛皮纸、瓦楞纸、棉、麻等材料是绿色包装材料的首选，这些材料能给人舒适感。图中包装袋的主要材料是密度较高的天然麻，用这种材料制作的包装结实耐用、清洗方便、不易起球，天然麻可以代替塑料，具有很好的环保性。

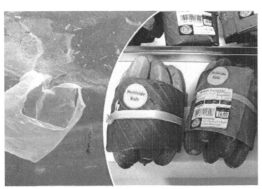

使用香蕉叶作蔬菜包装

　　推动经济社会发展绿色化、低碳化是实现高质量发展的关键环节。因此，绿色包装不仅是包装行业未来的发展趋势，也是顺应时代发展的结果。具体来说，绿色包装设计应该符合包装材料减量、包装重复利用、包装材料环保等要求。

　　● 包装材料减量。包装材料减量是指在满足保护、便捷、易于销售等条件的前提下，设计出材料用量最少的包装方案，从而有效地减少资源浪费。如易拉罐材料越来越轻，不仅提升了美观性，还减少了污染。

　　● 包装重复利用。包装重复利用是指产品被使用后，包装还可用于其他用途。如大米包装既可用于盛装大米，还可用作抽纸盒装抽纸。又如茶杯纸盒包装，既可作为茶杯的外包装，也可简单拆分，用作茶杯垫。

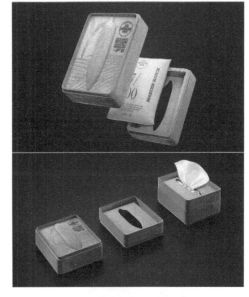

大米包装

茶杯包装

● 包装材料环保。包装材料环保是指包装对生态环境不造成污染，对人体健康不造成危害，能循环和再生利用，能促进可持续发展。环保的包装材料通常来自大自然，设计时通过无污染加工方式形成绿色包装，包装被使用后，其材料又可回归自然，达到循环利用的目的。

Happy Eggs包装
Happy Eggs包装的材料是经过消毒处理的干草，干草被压缩、加固，形成了契合产品的外包装，非常绿色环保。

薯条包装
该包装以马铃薯皮为材料，进行重新加工，不仅富有创意，还自然环保。

（2）人性化包装设计

当代包装设计除了强调环保、再生，还强调人性化，以人为本。当代设计家、人机工程学的先驱——亨利·德雷夫斯说过："要是产品阻滞了人的活动，设计便宣告失败；要是产品使人感到更安全、更舒适、更有效、更快乐，设计便成功了。"这句话不仅适用于产品设计，也同样适用于包装设计，当代包装设计应该多注意设计的人性化。

人性化包装设计就是以人为本的包装设计。设计师设计包装时需将人与包装的关系转化为类似于人与人之间存在的一种可以相互交流的关系，满足人类普遍的生理和心理需要。包装设计的人性化通常体现在包装结构、包装色彩、包装材料3个方面。

● 包装结构的人性化。设计师在设计包装结构时，应使包装方便携带、陈列、装运，或使包装具有可重复利用、能显示内装物等人性化功能，以提升用户对产品的好感度。

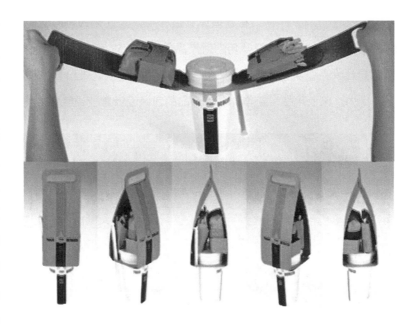

汉堡套餐盒包装

该包装结构的人性化体现在能一次性打包汉堡、薯条和饮料，便于用户携带，同时还减少了纸质手提袋的用料、用量。

蜂蜜包装

蜂蜜包装（续）

该包装的结构模仿了蜂巢的外观，富有个性。该包装结构的人性化体现在用户可根据使用习惯依次打开包装各部分。

● 包装色彩的人性化。在包装设计过程中，人性化的色彩能更好地满足用户的情感需求，起到传达情感、提升用户对产品的兴趣，进而增强用户购买欲的作用。例如，红色容易让人兴奋、紧张、激动，在包装中使用红色能带给人喜庆、热烈、幸福的感觉，巧克力、床上用品、新年礼盒等产品的包装设计常使用红色。

德芙巧克力包装

德芙巧克力在文字色彩上依然沿用巧克力行业的经典用色——咖啡色，而主色则采用了浪漫的红色，以营造一种喜庆、温馨的感觉。

● 包装材料的人性化。包装材料包括纸、玻璃、塑料、木材、陶瓷、高分子化学材料、棉、麻、金属、布料等，不同产品因运输过程和展示需求的不同，使用的材料也不同。如饮品包装可选择玻璃、透明塑料等作为包装材料，不但美观，还能方便用户查看产品内容。设计师在设计包装时应根据产品性质及其面向的消费人群选择合适的材料。

糕点包装

该包装的材料为纸，具有美观和轻便的特点，包装内采用分格设计，将不同口味的糕点放于不同的格子中，可以避免糕点串味。此外，该包装还能手提，方便用户携带。

爆米花包装

该产品的内包装采用了不同的金属色塑料包装，内包装的颜色与爆米花口味的颜色对应，具有美观性的同时，可以使用户不用阅读包装上的文字就能快速识别出爆米花口味。该产品的外包装是具有大理石质感的花纹纸袋，纸袋展开后能够用作盛放爆米花的容器，方便用户装爆米花，更加符合人性化的包装设计特点。

1.1.3 包装设计的原则

俗话说，无规矩不成方圆，包装设计也一样。设计师在设计包装时，应遵循以下包装设计原则。

1. 实用性原则

包装的基本功能是保护、放置和展现产品。设计师在设计包装时，如果不考虑包装对产品的保护作用，只注重外观、材质等方面，那么再有吸引力的包装都不能称为合格的包装。此外，设计师在设计包装时还需要考虑运输和使用等问题，设计出运输方便、使用方式简单、造型实用的包装。

意大利面包装

用纸盒盛装意大利面，便于意大利面的保存、运输和携带。在包装设计上，中间位置通过透明材料让用户一眼就能看清意大利面的形状、颜色和大小，直观且具有吸引力。

水果罐头包装

该包装的材料是玻璃，结构造型上摒弃了烦琐的装饰，且针对不同尺寸的罐头采用了不同的标签，每一个标签都尽可能多地展现产品信息，既实用又经济。

2. 商业性原则

商业性原则指包装要具备商业价值。商业价值主要体现在企业收益和卖出产品的数量。企业通过包装设计吸引用户对产品的注意力，引导用户购买产品。

为了增强包装设计的商业性，设计师必须先做好市场调查，全面了解产品市场情况，以及广大用户的需求和喜好，然后在设计时通过独特的造型、震撼的广告语、突出的色彩来吸引用户，增强用户购买欲。

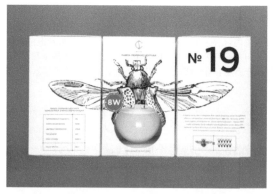

灯泡包装

该包装设计加入了昆虫图案，并根据不同的灯泡形状选择对应大小的昆虫，使包装更具吸引力。灯泡形状部分使用透明包装材料，使用户能直观地查看灯泡类型，便于用户选择灯泡。

Butter! Better! 牛油包装

该包装将密封纸替换为微型餐刀模样的木勺，不仅便于拆开、使用，而且非常便携。不同口味的黄油还搭配了不同颜色的木勺，直观地表现了产品的特点，可以增强用户的购买欲。

3. 原创性原则

包装设计的原创性主要体现在理念与造型两方面。优秀的原创包装能够表达出产品的设计理念，给用户留下深刻的印象，而独特的造型可以吸引用户的注意力。要进行原创设计，可以使用有创意的图案或造型，也可以结合传统元素与日常生活体现独特的理念。

FESTINA手表包装

该包装将手表放在装有水的袋子中，用透明材料直观地展示出水和手表，无需任何文字描述就可直接将手表防水的信息传递给用户。

4. 便利性原则

包装设计的便利性原则主要体现在产品包装的外形上，如在搬运、拿、握或携带产品时有一定的舒适感、轻便感。在进行包装设计时，包装各部分的比例、尺寸应考虑人手的生理功能和抓、握程度来科学地设计。

garnett爆米花包装

garnett爆米花采用多边锥形纸盒包装，不仅美观，还便于手握和放置，带提拉功能的绳索便于携带，适用于节庆、婚礼等活动场合。

衬衫包装

该包装按照人们日常生活中折叠衬衫的方式展现衬衫，方便用户拿取使用，而且包装内侧自带挂钩，可直接悬挂衬衫包装，便于日常收纳。

ALOHA菠萝包装

ALOHA是一个专门经营有机热带水果的水果零售品牌，其菠萝包装运用了水彩晕染，颜色鲜艳，富有热带感。包装外形上预留了开口，能展示菠萝的叶冠，并且包装中间预留了孔洞，便于查看菠萝的新鲜度。

薯片包装

该包装由4个装有不同口味薯片的小罐头组成，只要轻轻扭动小罐头就可以为包装上的人物形象换装。该包装的上方还有四合一的调味罐，用户只需轻轻扭动罐口，就可以自由添加不同口味的薯片调料。

5. 艺术性原则

包装的艺术性主要指包装在外观形态、主观造型、结构组合、材料质地、色彩配比、工艺形态等方面表现出来的特征能给用户美的感受。

在进行包装设计时，设计师可先通过独特的造型吸引用户的注意力，再利用精致的外包装设计提升包装的整体感染力，激发用户的购买欲。如农夫山泉的包装采用了水滴形状的瓶身，美观、大方，瓶身上的动、植物可以体现出水的产地，带给用户自然、健康的感受。

具有艺术性的酒瓶包装

包装设计还可采用其他艺术表现形式，如摄影、水彩、国画、书法、剪纸、刺绣等，这些艺术表现形式都具有很强的感染力，将其应用到包装中，不但能增强包装的艺术性，还能使包装产生独特、质朴的美感。

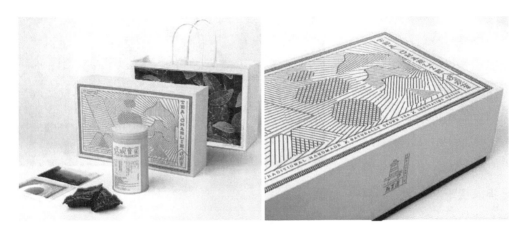

颜查理铁观音系列包装

颜查理铁观音系列包装采用了版画的表现形式，整体风格古朴、典雅，兼具设计感与文化感，整个包装十分美观、大方。

1.2 | 包装的分类与功能

如今，包装贯穿于人们生活的方方面面，且种类繁多，其功能也各有不同。了解包装分类与功能，能帮助设计师快速设计出符合需求的包装。

1.2.1 包装的分类

包装种类有很多，可以按照产品销售范围、包装在流通过程中的作用、包装制品材料、包装使用次数、包装容器的软硬程度、被包装的产品种类、包装技术方法、包装风格等对包装进行分类。

1. 按产品销售范围划分

包装按产品销售范围可分为内销产品包装和出口产品包装。

（1）内销产品包装

内销产品包装是指产品在国内销售时采用的包装，具有简单、经济、实用的特点。内销产品包装又可分为商业包装和工业包装。

● 商业包装。商业包装是指把产品作为一个销售单位的包装方式，也称为销售包装，其目的是增强用户对产品的购买欲，从而实现产品的价值。常见的商业包装有饮料瓶、易拉罐等。

朗姆酒包装

● 工业包装。工业包装是指以便于产品运输和储存为目的的包装形式，也称为运输包装，作用是让产品在流通环节和运输过程中不受损失或减少损耗。工业包装具有批量化、集装化的特点，常见的工业包装品有托盘、集装箱、纸箱、钢桶等。

工业包装

（2）出口产品包装

出口产品包装指用于出口产品的包装。按国际贸易的惯例，出口产品包装分为出口产品销售包装和出口产品运输包装。

● 出口产品销售包装。出口产品销售包装的用途是销售，该包装的设计应充分考虑出口国家的文化、习俗和爱好，以及产品订货要求。

● 出口产品运输包装。出口产品运输包装主要指大型的集合包装，该包装需要满足远距离运输和不同运输方式换装作业的要求，避免运输时产品泄漏。

2. 按包装在流通过程中的作用划分

包装按在流通过程中的作用可分为个体包装、中包装和大包装等。

● 个体包装。个体包装也称内包装或小包装。它是用户与产品直接接触的包装，也是产品走向市场的第一道保护层。个体包装能在产品的购买、使用过程中，起到宣传和保护产品，以及吸引用户的注意力、激发用户购买欲的作用。

● 中包装。中包装是介于大包装和个体包装之间的一种包装形态，具有保护产品、便于计数、堆放的特点。设计师在设计包装时应考虑产品的用途，这样才能使包装更符合产品和用户的需求。

● 大包装。大包装即运输包装或外包装，它的主要作用是增强产品的运输安全性和便于装卸与计数。设计师在设计大包装时，需要标明产品的型号、规格、尺寸、颜色、数量、出厂日期等，若属于特殊产品还需要添加特殊标记，如小心轻放、防潮、防火、堆压极限、有毒等标记。

个体包装

中包装

大包装

3. 按包装制品材料划分

包装按制品材料可分为纸质包装、金属包装、塑料包装、竹木包装、玻璃包装和复合材料包装等。随着包装技术的不断进步，新型材料不断出现，如新型Ultra Foil标签薄膜面材就可以用于透明化展示食品罐头。

纸质包装

玻璃包装

塑料包装

4. 按包装使用次数划分

包装按使用次数可分为一次性包装、多次用包装和周转包装等。

● 一次性包装。一次性包装是指只能使用一次，不能通过简单的回收、清洁、消毒等方式再次使用的包装，如一次性饭盒、一次性环保塑料袋等。

● 多次用包装。多次用包装是指回收后经过适当的加工处理，可重复使用的包装。多次用包装主要包括产品的外包装和一部分中包装，如木箱、纸箱、麻袋等。

● 周转包装。周转包装是指可以反复使用的产品转运容器，如药品包装箱、水果周转箱等。

5. 按包装容器的软硬程度划分

包装按包装容器的软硬程度可分为硬包装、软包装和半硬包装等。

● 硬包装。硬包装又称刚性包装，是指填充或取出产品后，形状基本不发生变化的包装。这类包装具有坚固、抗冲击力强的特点，如铁皮盒、木箱等。

● 软包装。软包装是指取出产品后，形状可发生变化的包装。常用的软包装有袋、套等。

● 半硬包装。半硬包装是介于硬包装和软包装之间的包装，常用的半硬包装有折叠箱、粘贴箱、塑料软管等。

6. 按被包装的产品种类划分

包装按被包装的产品种类可分为食品包装、药品包装、饮料包装、纺织品包装、文化用品包装、日用品包装、玩具包装、危险品包装等。因为包装所盛放产品不同，所以需要按照产品的属性和特点确定包装需要展现的内容。

玩具包装

酒类包装

7. 按包装技术方法划分

包装按包装技术方法可分为防震包装、缓冲包装、防湿包装、防锈包装、防霉包装、真空吸塑包装、防水包装、压缩包装、充气包装等。如肉类食品为了延长食品保存时间，多使用真空吸塑包装。在网上售卖的产品为了避免邮寄过程中损坏，多使用防震包装。

8. 按包装风格划分

包装按包装风格可分为传统典雅包装、现代风格包装、浪漫风格包装、怀旧风格包装、简约风格包装、卡通风格包装、自然健康风格包装等。包装风格主要由产品的使用群体决定，如儿童用品多使用卡通风格包装，女性用品多使用现代风格、浪漫风格等包装，老年用品多用传统典雅、自然健康等风格包装。

传统典雅风格包装

简约风格包装

1.2.2 包装的功能

实际生活中，人们真正需要的不是包装本身，而是包装功能。包装功能贯穿产品从生产到售出的整个过程，主要包括保护功能、便利功能、宣传功能和美化功能。

1. 保护功能

保护功能是包装最基本的功能，每件产品都要经过多次流通才能进入商场或其他销售场所，最终到达用户手中。在产品流通的过程中，需要经过运输、存储、销售等多个环节；这些环节可能存在撞击、潮湿、暴晒、滋生细菌等威胁。而包装在产品的整个流通过程中能够起到防止震动、挤压或撞击，防干湿、冷热变化，防止外界对物品的污染，防止光照或辐射，防止酸碱侵蚀等作用。

酒瓶包装
该产品的外包装是硬纸盒，纸盒由底及顶贯穿了两条绳子，便于携带、放置。内包装是硬纸板组成的瓶槽，能嵌入酒瓶，可防止运输过程中酒瓶震动、挤压或撞击。

茶叶包装

茶叶包装（续）

该茶叶的外包装是经过精心设计的复合纸罐，外观精美、不易变形，主要起到宣传产品和防止震动、挤压或撞击的作用。内包装是铝箔小袋，能防止酸碱的侵蚀，避免茶叶与外界接触受到污染，且便于携带。

2. 便利功能

便利功能是包装在运输、搬运、销售和使用过程中便于操作的功能总称。包装的便利功能体现在方方面面，如根据产品的不同特征，包装时可以通过不同的方式实现便利功能，如易拉罐的拉环、糖果包装的锯齿、纸袋包装的提绳等。

酸奶包装

该包装将坚果与酸奶分开存放，用户可以根据个人需求添加坚果，更具便利性。

3. 宣传功能

包装的另一主要目的是展示产品信息、宣传品牌及促进产品销售。包装是产品最直接的广告，优秀的包装不仅能使用户熟悉产品，还能增强用户对产品品牌的识别度与好感。造型独特、材料新颖、印刷精美的包装可以引起用户的关注，加快产品信息的传递。

从企业的角度来说，打造品牌是为了获得更多的品牌溢价，而包装作为品牌的视觉载体和品质体现，直接影响着品牌在用户心中的形象。企业的包装设计可采用统一的视觉形象，有利于与其他品牌区分，加深用户对品牌和企业的印象。

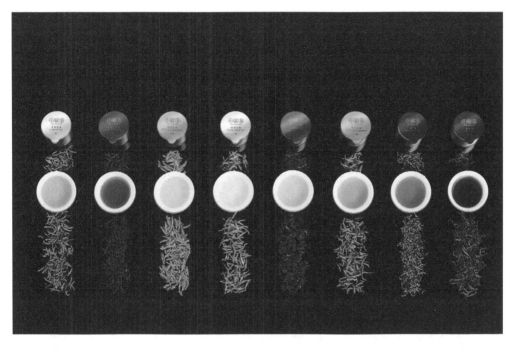

小罐茶包装

小罐茶的包装通过撕膜、充氮技术体现产品的高端，从而突显品牌的差异化价值，提升品牌形象，形成特有的用户认知。

包装能够快速、直接地实现产品差异化，企业若需打造高端的品牌形象，必须找到符合企业形象的包装。

天然矿泉水包装

该包装的瓶身是水滴形状，形象地突出了产品——矿泉水，在设计上融入长白山的原生态场景，体现了矿泉水天然的特点。在包装材料的纹理选择上，使用长白山中的4种动物、3种植物、1种典型的气候特征作为纹理图案，并配以相关的数字和文字说明，每一个数字都代表了一个故事，使用户看到包装就知道水的出产地，加深了用户对天然矿泉水的认知。

4. 美化功能

不同的包装能迎合不同用户的审美，满足用户的感官认知和心理需求，从而更容易被用户接受。在进行包装设计时，设计师要善于运用色彩、图像等视觉元素，通过元素的组合、加工、创新，塑造包装的性格、品位和气质，从而充分体现包装的"美"。

Freshmax 水果包装以手绘的形式，设计了一个露出满口牙打算吃水果的嘴巴形象，配合 MUNCH'N Logo 设计的英文字母，给人可爱、美味的农产品品牌印象。

1.3 | 包装材料与包装工艺

包装从设计到制作完成需要经过多个流程。在这些流程中，材料的选择和工艺的展现都是不可忽略的，二者都会影响包装效果。

1.3.1 包装材料

材料是包装的物质基础，是实现包装使用价值的客观条件。常用的包装材料有塑料、纸、木材、纺织品、玻璃、金属、陶瓷、复合材料、纳米材料、阻隔材料、抗静电材料等，其中纸、塑料、金属、陶瓷及玻璃材料较为常见。

1. 纸包装材料

纸是最传统、最常见的包装材料，常见的纸包装材料有蜂窝纸、纸袋纸、干燥剂包装纸、牛皮纸、工业纸板等。

纸包装材料主要有以下特点。

● 纸包装材料印刷适性良好，能很好地吸附油墨，从而印刷出精美的图案。

● 纸包装材料加工性能良好，能比较容易地进行覆膜、上光、烫印等整饰加工和裁切、模压等成型加工。

● 纸包装材料成本较低。

● 纸包装材料重量较轻，便于运输。

扩展图库

更多纸包装效果

佰芙宠物食品包装

该包装采用牛皮纸材料，不但便于运输，而且能够防止宠物食品变质，具有成本低廉等特点。由于纸质包装能很好地吸附油墨，因此包装封面中的宠物图案能得到很好的展现，并吸引用户购买。

2. 塑料包装材料

塑料是日常生活中较常见的包装材料。常用的塑料包装材料有聚丙烯（PP）、聚乙烯（PE）、维尼纶（PVA）、复合袋、共挤袋等。

扩展图库

更多塑料包装效果

Babushka泡菜包装

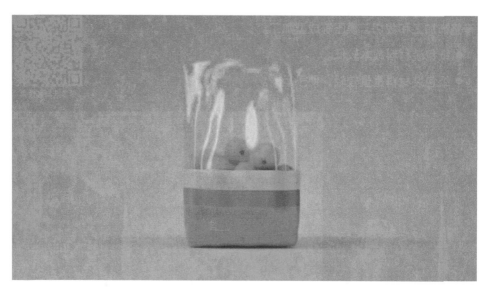

咖啡厅外卖包装

塑料包装材料主要有以下特点。

● 塑料包装材料密度小，比强度（材料的抗拉强度与材料表观密度之比）高。

● 塑料包装材料耐化学性好，有良好的耐低温、耐酸、耐碱、耐有机溶剂性能，能长期放置，不易氧化。

● 塑料包装材料易成型。

● 塑料包装材料易着色，具有良好的透明性。

● 塑料包装材料具有良好的强度，单位重量的强度高，耐冲击。

● 塑料包装材料加工成本低。

● 塑料包装材料绝缘性优。

3. 金属包装材料

金属是一种比较传统的包装材料，被广泛用于工业产品包装、运输包装和销售包装。其材质主要有钢材、铝材、金属箔。随着现代金属容器成型技术和金属镀层技术的发展，绿色金属包装材料的开发应用逐渐成为发展潮流。

洗涤剂包装
该包装以不锈钢作为包装材料，造型美观、便于承装，能起到防腐、保香、耐热、耐寒等作用。

鲱鱼罐头包装
该包装采用金属作为包装材料，便于鲱鱼的储存、携带和运输，在图案的设计上，采用了公共汽车的造型，不但美观，而且能吸引用户的注意力。

金属包装材料主要有以下优点。

● 金属包装材料具有延展性强、加工方便、容易成型等特点。例如，板材可以进行冲压、轧制、拉伸、焊接等操作制成形状、大小不同的包装容器；箔材可与塑料、纸等进行复合；铝、金、银、铬、钛等金属还可镀在塑料膜和纸张上。

● 金属包装材料具有综合防护性能和阻隔性能好等特点，强度高、机械性能优良，能够很好地阻隔光、气、水，其防潮性、保香性、耐热性、耐寒性、耐油脂性等性能大大超过其他类型的包装材料，能满足多种包装要求。

● 金属包装材料具有特殊的金属光泽，易于印刷，具有良好的装潢性能，可以增加包装的美观度。另外，各种金属箔和镀金属薄膜是非常理想的商标材料。

● 金属包装材料资源丰富，易于回收和再生利用，成本较低。金属包装材料易于在包装上推广轻量化设计，从而节省材料，提高效益。

4. 陶瓷包装材料

陶瓷文化的历史源远流长，是我国传统文化的重要组成部分。为了传承中华优秀传统文化，增强文化自信，现今很多包装中都会使用陶瓷包装材料，或者与其他包装材料联合使用。常用的陶瓷包装材料有粗陶、精陶、瓷。

扩展图库

更多陶瓷包装效果

酒包装
该包装主要包括纸质外包装和陶瓷内包装两部分。外包装用于保护陶瓷内包装，同时便于运输和保存；内包装可承装酒，起到保护酒的作用。

陶瓷包装材料主要有以下优点。

● 陶瓷包装材料具有耐磨性和极高的耐腐蚀性，使内部的产品不易受到侵蚀。

● 陶瓷包装材料具有良好的热稳定性，可以防止气温过高对产品造成损坏。

● 陶瓷包装材料具有高度的环保性，污染性低。

扩展知识

陶瓷包装材料缺点

5. 玻璃包装材料

玻璃包装材料指用于制造玻璃容器，满足玻璃产品包装要求的材料。常用的玻璃包装材料有普通瓶罐玻璃（主要成分是钠、钙硅酸盐）、特种玻璃（石英玻璃、微晶玻璃、钠化玻璃）。

嘉士伯哥本哈根收藏包装

扩展图库

更多玻璃包装效果

B-ing花瓶包装设计

玻璃包装材料有以下优点。

● 玻璃包装材料具有良好的阻隔性能，可以很好地阻止氧气等气体对内装物的侵袭，同时也可以阻止内装物的可挥发性成分挥发。

● 玻璃包装材料可以反复多次使用，从而降低包装成本。

● 玻璃包装材料能够较容易地进行颜色和透明度的改变。

● 玻璃包装材料安全卫生，有良好的耐腐蚀能力和耐酸蚀能力，适合用于制作酸性物质（如果蔬汁、饮料等）的包装。

1.3.2 包装工艺

了解包装材料后，即可根据包装材料进行包装工艺的选择。包装工艺主要包括印刷工艺和装饰工艺两种。印刷工艺属于基础工艺，而装饰工艺主要是对基础工艺的美化操作。

1. 包装印刷工艺

目前包装印刷工艺主要有胶印印刷、柔性版印刷、凸版印刷、凹版印刷、激光蚀刻、丝网印刷和数码快印等。

● 胶印印刷。胶印印刷是一种借助胶皮（橡皮布）将印版上的图文传递到承印物上的印刷方式。胶印能以高精度清晰地还原原稿的色彩、反差及层次，是目前十分普遍的纸张印刷方法，适用于纸质包装。但由于胶面过于平整，因此印出来的图案和花纹没有立体感，防伪性较差。

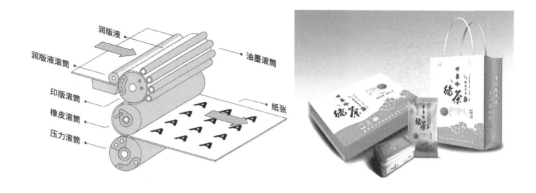

胶印印刷

● 柔性版印刷。柔性版印刷简称"柔印"，是一种使用柔性印版通过网纹辊传递油墨进行印刷的印刷方式。印刷时，当印刷滚筒装入机器后，将油墨均匀地涂抹在印版图文部分，然后在印刷压力的作用下，将图文部分的油墨层转移到承印物的表面，形成清晰的印刷图文。柔性版印刷具有印刷机规格齐全、适用性广、生产效率高的特点。

● 凸版印刷。凸版印刷简称"凸印"，是使用凸版（图文部分凸起的印版）进行印刷的一种印刷方式。在凸版印刷中，需要先将油墨分配均匀，然后通过墨辊将油墨转移到印版上。由于凸版上的图文部分远高于印版上的非图文部分，因此，墨辊上的油墨只能转移到印版的图文部分，而非图文部分则没有油墨。

● 凹版印刷。凹版印刷属于直接印刷，简称"凹印"，是一种印版着墨部分下凹的印刷方式，多用于彩色图像、广告和包装印刷。印刷时，油墨被充填到凹坑内，印版表面的油墨用刮墨刀刮掉，印版与承印物之间有一定的压力接触，将凹坑内的油墨转移到承印物上，完成印刷。凹版印刷具有颜色再现力强、印刷数量多、应用纸张范围广等优点。但凹版印刷的缺点也比较明显，如制版费高、印刷费高、制版工作较为复杂，不适合数量较少的印刷。

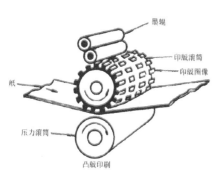

凸版印刷

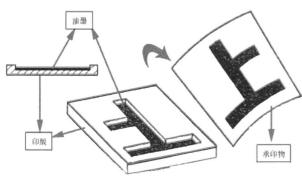

凹版印刷

● 激光蚀刻。激光蚀刻是用激光束将坚硬的材料永久性地切割成图像或图案，如玻璃、木材或金属等。激光蚀刻常被编程到控制激光器的计算机中，激光器的强度取决于所用的材料和所需的热量，可通过计算机控制材料的尺寸、图案的深度和位置。

● 丝网印刷。丝网印刷是利用感光材料通过照相制版的方法制作丝网印版，在印刷时通过刮刀的挤压，使油墨通过图文部分的网孔转移到承印物上，进而形成图文效果，常用于印刷彩色油画、招贴画、名片、装帧封面、产品标牌及印染纺织品等。丝网印刷具有设备简单、操作方便，印刷、制版简易且成本低廉，适应性强的特点。

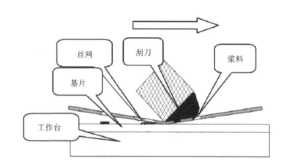

丝网印刷

● 数码快印。数码快印又称短版印刷或数字印刷，是利用印前系统，将图文信息直接通过网络传输到数字印刷机上印刷出彩色印品的一种新型印刷技术。数码快印具有工序简单、成本低廉、灵活性强等特点。

2. 包装装饰工艺

当完成基础印刷后，有些包装还需要实施装饰工艺，如覆膜、烫印、上光、模切压痕、局部UV等。

● 覆膜。覆膜又称过塑、裱胶、贴膜等，是将透明塑料薄膜通过热压覆贴到印刷品表面，起保护、增加光泽、防水、防污的作用。目前，覆膜包装常用于纸箱、纸盒、手提袋、种子袋、不干胶标签等。

覆膜后的包装

● 烫印。烫印是一种热压印刷，又称"烫金"。烫印是将需要烫印的图案或文字制成凸型版，并借助压力和一定的温度，将各种铝箔片印制到承印物上，使其呈现出强烈的金属光。烫印可以起到画龙点睛、突出设计主题的作用，特别是用于印刷商标、注册名时，效果更为显著。同时由于铝箔具有优良的物理性能和化学性能，可起到保护印刷品的作用，因此烫印工艺在现代包装印刷中被广泛应用。

烫印印刷

● 上光。上光是在印刷包装表面涂上（或喷、印）一层无色透明涂料，经流平、干燥、压光、固化等加工，在印刷包装表面形成一种薄而匀的透明光亮层，起到增强印刷包装表面平滑度、保护及增加印刷包装光泽，以及防水、防油污的作用。

● 模切压痕。当包装印刷纸盒需要切制成一定形状时，可通过模切压痕工艺来完成。模切压痕工艺是根据设计的要求，将彩色印刷品的边缘制成各种形状，或在印刷品上增加某种特殊的艺术效果，以实现某种使用功能。

● 局部UV。局部UV是根据产品上光的需要，对商标、包装印刷品需要突出的部位进行局部上光，上光后的图案与周边图案相比显得更加鲜艳、亮丽且更具立体感，能产生独特的艺术效果。

局部UV包装效果

1.4 | 包装设计流程

虽然不同的产品包装设计的效果不同，但包装设计流程是相似的，都要经过了解需求并制订初期方案、开展与分析市场调查、初步构思、绘制草图、包装效果设计与制作、包装打样与生产等一系列步骤。

1.4.1 了解需求并制订初期方案

设计师在设计包装前需要先接受企业委托，了解企业的设计意图和企业情况，并根据收集到的信息制订包装设计的初期方案。

1. 接受企业委托

设计师在进行包装设计之前，需要先与委托企业有一个彼此接触的过程。在该阶段，设计师需要充分展示设计能力，阐述设计风格、设计思路，以及对企业和产品的理解。企业通过与设计师的接触，加强对设计师的了解，促进彼此的合作。另外，设计师还需要了解企业的规模、实力、诚信和口碑等情况，以决定是否接受委托。

2. 了解企业意图

接受企业委托后，设计师需要了解企业的意图，如新品上市、企业宣传等。设计师在设计包装前需要了解企业的真实想法和产品的相关情况，包括产品的价位、功能、特效、卖点等，以及包装的成本预算和产品的目标市场、销售渠道、预计上市时间等。除此之外，设计师还需要了解该产品与其他同类产品的区别，以及同企业产品之间的关系，为同类产品的搭配、产品包装的独特风格设计提供依据。

3. 掌握企业情况

了解企业的意图后，设计师还需要掌握企业的情况，如企业的经营理念、历史文化、发展规划、口碑、类型等。除此之外，设计师还需要了解产品的市场占有率、市场定位等。这些因素将直接影响包装的设计和风格。

4. 制订初期方案

在设计包装前，设计师往往需要提交一份初期方案，一般包括以下10个方面的内容。

● 对产品的理解。

- 对产品市场的了解与判断。
- 对包装设计方案的阐述。
- 包装设计的时间规划。
- 参与设计人员的介绍。
- 设计方向的描述。
- 创意点的展现。
- 与企业负责人的沟通方式。
- 设计效果的提交方式。
- 包装设计的报价。

1.4.2 开展与分析市场调查

开展市场调查往往在签署正式委托合同后开始，其目的是收集、研究、分析数据和信息。市场调查报告可以由企业提供，也可以由专业的调查人员收集。在进行市场调查前应先明确需要收集的调查信息，然后确定市场调查方法，再进行市场调查，分析市场调查内容，以便后期的包装设计。

1. 明确需要收集的调查信息

市场调查需要收集的调查信息主要分为市场同类产品信息、消费人群信息、目标市场信息3个部分。

- 市场同类产品信息。市场同类产品信息包括市场同类产品的包装品牌、风格、价位、诉求点等内容。
- 消费人群信息。消费人群信息包括用户的年龄、收入情况、文化背景、购买动机、消费习惯等。
- 目标市场信息。目标市场信息包括产品销售渠道、营销风格、文化特性等。

2. 掌握市场调查方法

常见的市场调查方法有观察法、实验法、访问法及问卷法等。

（1）观察法

观察法是市场调查的基本方法。观察法是指由调查人员根据调查研究的对象，利用眼睛、耳朵等感官以直接观察的方式对其进行考察并收集资料，适合对市场产品信息进行调查。例如收集每日坚果品牌产品在各个销售场所的销售情况和存在的问题，并对收集的内容进行总结。

（2）实验法

实验法也是市场调查的常用方法，该方法由调查人员根据调查要求，用实验的形式将调查的对象控制在特定环境条件下进行观察，以获得相应的信息。可控制调查对象的因素包括产品价格、品质、包装等，然后在这种可控制的条件下观察市场现象，揭示在自然条件下不易发生的市场规律。该方法主要用于市场销售实验和用户使用实验，适用于分析目标市场信息。

（3）访问法

访问法分为结构式访问、无结构式访问和集体访问3种。

● 结构式访问。结构式访问是指调查人员按照事先设计好的调查表或访问提纲进行访问，其提问的语气和态度应尽可能地保持一致。

● 无结构式访问。无结构式访问指调查人员与被访问者自由交谈的访问形式。调查人员可以根据调查的内容与被访问者进行广泛的交流，如交流对产品包装的需求，了解被访问者对包装的看法。

● 集体访问。集体访问可以分为专家集体访问和用户集体访问，指通过集体座谈的方式听取被访问者的想法，收集信息资料。

（4）问卷法

问卷法是以让被调查者填写调查表的方式获得其信息的方法。在调查中需将调查的资料设计成问卷的形式，然后让被调查者将自己的意见或答案填入问卷中，以获得调查结果。该方法适用于调查分析消费人群信息。

3. 进行市场调查

掌握以上调查方法后，即可根据产品定位，从中选择调查方法进行市场调查。调查人员在调查时可以选择多种调查方法同时调查，然后对调查内容进行综合整理，避免调查结果不够完善。

4. 分析市场调查内容

完成市场调查后，调查人员需要对收集的内容进行分析，以便更好地明确包装的定位。分析市场调查内容主要从同类产品包装、产品自身核心价值、消费人群需求3个方面进行。

● 同类产品包装分析。同类产品包装分析应包括同类产品包装的优势、劣势、竞争力、设计亮点、包装感知的价值及成本等方面的分析。

Theo 巧克力包装
将果味巧克力对
应的水果照片作
为外包装效果展
示，不但直观地
展现了巧克力的
味道，而且具有
独特的吸引力。

Theo 巧克力包装

NibMor 巧克
力包装通过不
同的手势来展
现巧克力的各
种味道，整个
包装不但具有
趣味性，而且
能很好地吸引
用户。

NibMor 巧克力包装

● *产品自身核心价值分析*。对产品自身的核心价值、功能优势、附加值进行分析，判断包装设计中应该突出的内容，并在该过程中，考虑产品包装需要使用的包装材料，以及材料是否具有持续供给、回收利用的可能性。

● *消费人群需求分析*。不同消费人群在选购同一类产品时，其选择的标准和心理需求存在差异。以饮料包装为例，中年人注重品质，常选择简约、有设计感的包装；青年人注重外观，常选择有创意的包装。设计师在设计时应充分考虑目标用户的诉求。

芬达包装

芬达包装的瓶身颜色、商标颜色、插图颜色统一，且以卡通和植物元素绘制插图，创意性十足，符合年轻人的喜好。

该包装瓶形状独特，具有设计感，标签设计简约，突出了纯净水的纯度，更符合中年人对产品品质的需求。

Sputnik纯净水包装

5. 明确产品定位

产品定位准确与否决定了该产品投入市场后能否成功。影响产品定位的因素主要包括功能诉求、价值诉求、目标市场、目标人群、价位等，设计师可根据这些因素进行分析，明确可以吸引用户的设计点。

1.4.3 初步构思

完成市场调查并分析调查内容后，设计师就可以开始对包装进行初步构思了。创意决定设计方向，构思决定设计方案。在整个设计过程中，创意多是由多人讨论得出，通过集思广益，确定符合目标的创意点；而构思则需要从用户需求出发，设计出更加符合目标用户需求的产品包装。然后再将创意与构思联合起来，得到绘制草图的依据。

1.4.4 绘制草图

草图是对前期构思的一种直观展现，绘制草图包括两个步骤，分别是收集包装素材和进行草图绘制。

1. 收集包装素材

当对包装设计有一定的构思后，即可根据构思收集包装设计中可能会用到的素材。素材主要包括两个部分：第一部分为包装设计需要使用的视觉元素素材，如文字、色彩和图片等；第二部分为设计中可以作为参考的相关资料，如同类型的优秀包装效果、容器造型、材质，或热门事件、热门颜色、热门广告语、热门关键词等。素材资料越丰富，草图绘制就越顺利。

2. 进行草图绘制

完成包装素材的收集后，设计师即可进行草图的绘制。在绘制包装草图时，设计师需要展现包装的形状、轮廓、大致尺寸及视觉元素等。这些内容都可参考收集的素材，从中获取启示。

需要注意的是，绘制的草图不必过于精细，但必须体现出设计意图。此外，设计师还要在草图中体现出具体制作时使用的图案效果、包装设计亮点；如果设计的是系列包装，还需要体现出此包装与同系列其他包装之间的联系。

包装轮廓与将要使用到的图案效果

1.4.5 包装效果设计与制作

当草图通过企业审核后，设计师就可以根据草图内容进行包装效果图的绘制了。

包装效果图的绘制软件主要有Photoshop和Illustrator等。设计时，设计师需要立体化展现绘制的草图，并对细节进行改进、完善，以便后期进行打样。在具体绘制时，设计师应先绘制包装中用到的插画、纹理、图标，以及包装中的标签等，再绘制平面结构图、立体图等。在这个过程中，设计师要注意标注绘制的图像尺寸，避免设计的效果图与实物不符。

产品包装效果图

1.4.6 包装打样与生产

设计师完成效果图的制作，并统一尺寸和文字内容后，就可以进行包装的打样与生产了。

1. 包装打样

包装打样是指用1∶1实物模型制作出包装效果，打样中出现或反映出的问题，将为最后包装的完善提供依据。打样为包装提供了真实的效果参考，设计师可将打样提交给企业，以便企业查看包装设计效果。若打样没有问题，企业还可以使用样品进行前期宣传。

2. 包装生产

包装设计方案最终确定后，即可进行包装生产。在生产过程中，设计师需要对包装的设计过程进行监控，避免出现生产效果与设计不符的情况。

扩展知识

包装生产清单内容

1.5 | 项目实训——赏析蜂蜜茶饮品包装

1. 实训背景

包装的快速发展，吸引了一大批有志之士投身到包装设计行业中。本项目实训将分析蜂蜜茶饮品包装，以巩固包装与包装设计的相关知识。

蜂蜜茶饮品包装

蜂蜜茶饮品包装的设计目的是吸引年轻消费群体购买饮品，特别是情侣。该包装的整体风格定位是温馨、甜蜜，通过插画设计与情景营造突显消费群体定位。美观的外包装和与其成对搭配的内包装不仅极具个性，还有极强的关联性，能激发用户的购买欲。

2. 包装设计分析

从设计过程分析，本实训的设计流程规范，设计时先确定尺寸，然后通过手绘确定包装风格和要展现的内容，最后使用制图软件进行整个包装效果的制作。

从包装风格方面分析，内、外包装均通过插画营造了温馨、甜蜜的风格，与产品的定位相吻合。此外，内、外包装还绘制了店铺的卡通形象，将店铺融入包装中，在丰富包装设计内容的同时，还起到了宣传店铺的作用。

从包装的结构方面分析，内包装是茶杯，外包装是手提袋，茶杯用于盛装蜂蜜茶，手提袋用于放置茶杯。此外，茶杯和手提袋上的插图图案风格一致，两者分别展现了男性和女性群体的生活场景，拼合在一起就构成了情侣间的浪漫互动，包装的内外结构既有区别又紧密联系，兼具实用性与美观性。

从包装的色彩方面分析，包装以白色为主色，黄色、蓝色、粉色、红色为点缀色，整体色调明亮，氛围温馨，能吸引用户的注意力。

3. 包装材料分析

蜂蜜茶饮品包装采用牛皮纸作为包装材料，具有便于运输、成本低廉、无污染、能循环和再生利用等特点。此外，由于纸质包装能很好地吸附油墨，因此包装设计的图案能得到很好的展现，从而吸引用户购买产品。

1.6 ｜ 课后练习

① 从包装的设计原则、材料选择及功能等方面，分析鸡蛋包装的优缺点。

② 从包装的材料、分类、设计及功能等方面，赏析Gruia奶酪包装。

1.7 | 知识拓展

1. 绿色包装材料选择原则

选择绿色包装材料应遵循以下8个原则。

● 选择轻量化、薄型化、易分离、高性能的包装材料。

● 选择可回收和可再生的包装材料。

● 选择可食性包装材料。

● 选择可降解包装材料。

● 选择利用自然资源开发的天然的包装材料。

● 尽量选用纸包装。

● 尽量选用同一种材料进行包装。

● 尽量选择可以重复使用的包装，而不只是可回收再利用的包装材料(如标准化的托盘)。

2. 包装设计师应具备的能力

要成为一名有竞争力的包装设计师，应具备以下能力。

（1）专业和技术素养

包装设计师要具备专业和技术素养，熟悉设计基础理论、三大构成（平面构成、色彩构成、立体构成）、包装材料及印刷工艺，有设计与艺术作品赏析能力等。

（2）文化和艺术修养

包装设计师经常和"图""文"打交道，应具备一定的文化和艺术素养。简单来说，一个人对外在事物、情感和思想的理解，都需要通过语言、文字、声音或图像来传达，个人的文化和艺术修养程度直接决定了对包装设计的理解和表达程度。

（3）职业素养

职业素养就是职业观、就业观、学习观、工作方法等方方面面的综合体现，具体包括个人形象（仪容仪表、谈吐等）、社交能力（沟通协调能力）、心理素质（如抗压能力）及责任心等。

项目2　包装设计元素

包装设计效果的好坏直接影响用户对产品的印象。好的包装应色彩绚丽、图案美观，展现方式有创意，文字表达符合产品定位，版式设计合理。

2.1 ｜ 色彩

"远看是色，近看是花"，自古以来人们就意识到色彩具有"先声夺人"的效果。人们对物体的感觉首先是色，其次才是形。在诸多视觉元素中，色彩是人眼最敏感的元素。色彩是一种潜在的、有说服力的"隐形语言"。在包装设计中，色彩运用得当不仅可以体现出产品的独特属性，还能传达产品隐含的情感。

2.1.1 色彩的3要素

在包装设计中，合理的色彩能吸引用户的注意力，增强用户购买欲。设计师在运用色彩前，需要先了解色彩的3要素。

● 色相。色相即色彩相貌，最基本的色相为红色、橙色、黄色、绿色、蓝色、紫色。两种颜色调和可形成中间色，如红色与黄色调和形成橙色、蓝色与黄色调和形成绿色。这些颜色按光谱顺序排列可形成首尾相接的色相环，即12色相环。12色相环中包含红色、红橙色、橙色、黄橙色、黄色、黄绿色、绿色、蓝绿色、蓝色、蓝紫色、紫色、红紫色12种颜色。

● 明度。明度是指色彩的明暗程度，同一色彩中添加的白色越多则越明亮，添加的黑色越多则越暗。设计师在设计包装时，可通过改变色彩的明度进行色彩的搭配。

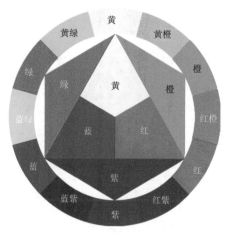

色相环

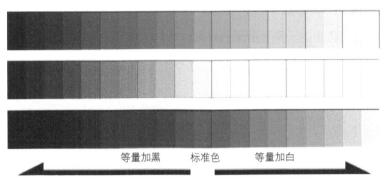

等量加黑　　标准色　　等量加白

明度变化

明度推移，以标准色为中心，分别加入等量的黑色（向左发展）和等量的白色（向右发展）。

● 纯度。纯度（也称为饱和度）是指色彩的纯净或者鲜艳程度。纯度越高，色彩越鲜艳，视觉冲击力越强。以红色来说，有鲜艳无杂质的纯红色，有凋谢玫瑰似的深红色，也有比较淡的粉红色，它们的色相相同，但引起人们视觉感受的强弱程度却不一样。

高纯度颜色效果

2.1.2 包装色彩的对比与搭配

设计师可通过色彩的对比提升包装的设计感，通过合理的色彩搭配提升包装的美感。

1. 包装色彩对比

色彩对比包括色相对比、明度对比及纯度对比3种。

扩展知识

色彩之间的关系

（1）色相对比

色相对比指因色相的差别而形成的对比。在12色相环中不同位置的颜色对比方式各不相同。

● 同类色对比。同类色指12色相环中15°夹角内的颜色，是色系（指颜色所属系列，如红色系、黄色系等）相同、明度不同的颜色，如蓝色与浅蓝色、绿色与墨绿色等。同类色对比即同色系颜色的对比，具有效果统一，画面平静、雅致、含蓄、稳重等特点，但也容易使包装设计效果显得单调、呆板。

同类色对比
该包装的背景色是同色系、不同纯度的绿色，整体色调统一，体现了食品的绿色、天然。

● 类似色对比。类似色指12色相环中90°夹角内相邻接的颜色，如红色—红橙色—橙色、黄色—黄绿色—绿色、蓝色—蓝紫色—紫色等。类似色对比具有效果柔和、和谐、雅致、平静等特点，但也容易给人单调、模糊、乏味、无力的感觉，必须调节明度来加强效果。

● 邻近色对比。邻近色指12色相环中相邻近的两种颜色，12色相环中60°夹角内的颜色都属于邻近色。在包装设计中使用邻近色对比，可以使包装具有色彩丰富、活泼、和谐的效果。

邻近色对比

两个包装分别采用橙色和黄色、绿色和黄色的邻近色对比，使整个包装色调统一，具有强烈的吸引力。

● 对比色对比。对比色是12色相环中夹角为120°的两种颜色，如黄色和蓝色、紫色和绿色、红色和蓝色等。在包装设计中使用对比色对比，可以给人醒目、有力、活泼的感觉，但对比色不易统一，容易使人感到杂乱、刺激，造成视觉疲劳。对比色对比一般需要采用多种调和手段来改善对比效果。

对比色对比

该包装中的"R"文字和"O"文字的颜色在12色相环中的夹角为120°，属于对比色，使包装的整体视觉效果更突出，极具视觉吸引力。

● 补色对比。补色指在12色相环中夹角为180°的两种颜色，如红色与蓝绿色、黄色与蓝紫色等。在包装设计中使用补色对比，可以使包装色彩对比强烈，给人炫目的感觉，但若处理不当，容易让人感到不安定、不协调等。

补色对比
该包装采用红色与绿色进行补色对比，视觉效果强烈、醒目、活泼。

（2）明度对比

明度对比是色彩明暗程度的对比，也称色彩的黑白度对比。每一种色彩的不同明度都能表现不同的感情，高明度的色彩给人积极、热烈、华丽的感觉；中明度的色彩给人端庄、高雅、甜蜜的感觉；低明度的色彩给人神秘、稳定、谨慎的感觉。通常情况下，明度对比较强时，包装视觉效果会更加突出，更具有视觉展现力，而明度对比较弱时，配色效果往往不佳，包装视觉效果会显得柔和单薄、形象不够明朗。

（3）纯度对比

纯度对比是色彩鲜艳程度的对比，也称饱和度对比。低纯度的包装视觉效果较弱，适合长时间观看；中纯度的包装视觉效果较和谐、丰富，可以凸显包装的主次；高纯度的包装视觉效果鲜艳明朗、富有生机。在包装设计中，设计师通常采用高纯度的色彩来突出主题，采用低纯度的色彩来表现次要部分。

高纯度对比
纯度较高的红色、绿色形成了高纯度对比。

高纯度对比
纯度较高的橙色、黄色、蓝色形成了高纯度对比。

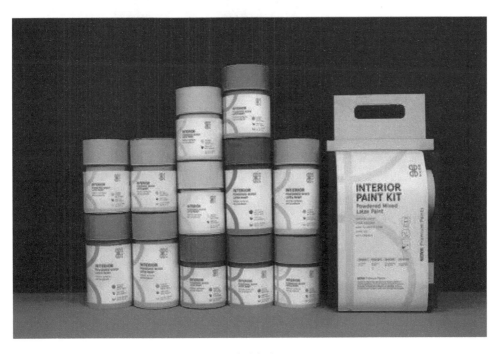

中纯度对比
包装上颜色的纯度都不高，所以形成了中纯度对比。

2. 包装色彩的搭配

包装中的色彩主要由主色、辅助色、点缀色组成，其中主色传递主要风格，辅助色进行补充说明，点缀色强调重点。

● 主色。主色是包装中占用面积最大、最受瞩目的颜色，它决定了整个包装的风格。设计师应根据产品、企业、用户等方面的需求选择主色，且主色种数不宜过多。

● 辅助色。辅助色占用面积略小于主色，用于烘托主色。合理应用辅助色能丰富包装的色彩，使包装更美观、更有吸引力。

● 点缀色。点缀色是包装中占用面积小、色彩较醒目的一种或多种颜色。合理运用点缀色可以使包装主次更加分明、富有变化。

啤酒包装
该包装中白色为主色、绿色为辅助色、灰色为点缀色，整体效果统一、美观、和谐。

2.2 | 图形

图形是视觉传达的核心，精美的图形能够传达出包装内容，增强包装对用户的吸引力，增强用户的购买欲。

2.2.1 包装图形的分类

图形是构成包装视觉形象的主要元素，图形能增加包装的美观度，加强包装的品牌宣传功能。每一个包装上，都存在多种类别的图形，虽然不同包装的表现侧重点不同，但图形大致可分为以下几种类型。

1. 原材料图形

大多数加工后的产品从外表上无法看出原材料，但有些原材料具备与众不同的高品质特点。为了突出原材料，可在包装上展现原材料图形，帮助用户了解产品信息，吸引用户注意并购买。

雪糕包装
该包装直接展示了制作雪糕的原材料，用户通过雪糕包装可了解雪糕的口味和原材料，生动直观，具有较高的辨识度。

2. 产地信息图形

对于有地方特色的产品而言，产地是产品品质的保证和象征，如茶叶包装常展现茶园采摘场景、当地风景和风土人情。产地信息图形能赋予包装浓郁的地方特色和明确的视觉特征，是较为常见的一种包装图形。

御马酒庄葡萄酒包装
该包装使用了酒庄图形，直接展现了葡萄酒的产地信息，不仅方便用户了解产品信息，还能达到宣传品牌的目的。

3. 产品成品图形

产品成品图形有助于用户了解包装中产品的最终呈现效果。例如在面粉包装上呈现使用面粉制作的各种成品的图形，如面包、糕点等，不仅向用户展示了产品的功能、特性，还强化了产品形象。再如在咖啡豆或速溶咖啡的包装中，展现加工好的芳香四溢的咖啡饮品图形来强化产品的形象。

Tellioglu 面粉包装

4. Logo图形

Logo（标志）是产品在流通与销售过程中的身份象征，它既是产品形象宣传的需要，也是现代市场规范化的产物。在包装设计中使用Logo图形，可以加深用户对品牌和企业的印象，起到宣传企业与推广品牌的作用。

扩展知识

Logo图形的3种类型

金威啤酒包装
该包装中使用了企业商标图形，能起到宣传品牌的作用。

5. 人物图形

在包装中使用人物图形，可借助图形中人物的动作、表情，加强用户对包装产品的了解和信任。如汉堡包装常使用人吃汉堡的图形，通过人手拿汉堡、张口咬汉堡的动作，以及人吃下汉堡后满足的表情等直观地展现汉堡的美味。

调料包装
该包装使用了人物表情图形，这些表情图形直观地展现了调料的味道。

2.2.2 包装图形的表现手法

设计师在进行包装图形设计时，可使用具象、夸张、抽象、幽默、借代等手法来突出事物特征，展现情感。

1. 具象

具象指在包装中使用具体的实物形象作为图形，形象地表现产品本身的具体信息，使用户直观地感受产品的材料、产地与使用方法。

具象图形表现手法可以使用户快速了解产品。常见的具象展现方式有以下两种。

● 拍摄实物图片。拍摄实物图片即直接使用摄像机（或其他设备）拍摄的实物图片，如人吃汉堡的图片、人喝水的图片，人的

BYO包装
该包装将人物的眼睛、眉毛、鼻子、嘴巴等的图片作为包装图形，能起到吸引用户的作用。

眼睛、耳朵的图片等。拍摄的实物图片效果往往较逼真，能让用户产生信赖和亲切感，使用户直观地了解产品的外形、材质、色彩和品质等。

● 绘制写实插画。写实插画即运用非常写实的手法创作的插画，写实是一种客观反映现实的创作手法。写实插画一般需要设计师自行绘制，且插画效果不能夸张、变形，要符合事物的真实形象。

果酱包装
该包装采用绘制写实插画的手法来表现果酱的原材料，不仅美观，还能展示真实的事物形象。

Global Village果汁包装
该包装通过写实插画呈现了产品的原材料，使用户能够通过包装直接了解产品的口味，进而产生购买欲。

2. 夸张

夸张是对事物的形象、特征、作用、程度等方面进行夸大或缩小的一种手法。运用夸张手法可设计出生动有趣、幽默诙谐的图形，使包装更有趣味性。夸张图形表现手法主要有图形整体形态的夸张和图形局部形态的夸张两种。

（1）图形整体形态的夸张

图形整体形态的夸张指从包装的整体形态入手，用夸张的场景、人物等元素使包装更加生动。图形整体形态的夸张能体现出产品的特征，并吸引用户的注意力。

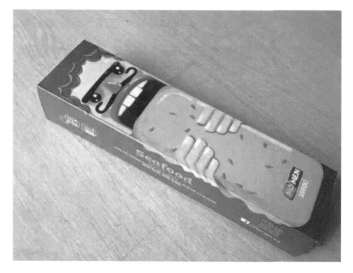

汉堡包装
该包装通过对吃汉堡人物的夸张，准确阐释了包装中的产品，人物滑稽的表情能起到吸引用户的作用。

（2）图形局部形态的夸张

图形局部形态的夸张指对包装中已有的局部图形形态进行大胆的夸张，如对图形局部进行变形或动态化展现等。图形局部形态的夸张不仅保留了原本图形的特点，还增强了图形的辨识度和吸引力。需注意，图形局部形态的夸张并非无限地夸大包装中某一图形的特征，也并非一种自然形态的模仿，而是需要通过形与形的对比，突显产品的特征。图形局部形态的夸张能增强产品的趣味性。

Candy Lab包装

Candy Lab包装在瓶身处添加了嘴巴的不同夸张形态，使怀疑、欢乐、悲伤等不同形态的情感得以体现，不仅极具个性，还增强了产品的辨识度。

3. 抽象

抽象是将属性从自然形态和具象事物中剥离出来的一种手段，其目的是透过事物表相抓住事物本质。在包装设计中，抽象图形主要通过几何形态来表现，即通过点、线、面的塑造，色彩的变换和线条的排列，组合出形态各异的图形，进而体现设计师的情感和目的。抽象图形表现手法可以增强包装的趣味性和设计感，人物、动物、植物及非生命的物体都能通过抽象设计起到传达产品信息、引导用户对包装物产生联想的作用。

啤酒包装

该包装采用抽象风格的插画，表现出欢聚时愉快的情绪，具有趣味性。

ELDERBROOK 饮料包装

该包装采用抽象的人物和水果插画作为设计点，很好地表达了产品的属性，同时人物与水果的结合还能传达出
一种"健康"的理念，整个包装的设计大胆、时尚。

4. 幽默

幽默即指抓住产品的特性，充分发挥丰富的想象力，采用比喻、拟人等表现手法，
以及别出心裁的构思设计，体现出包装的幽默感和趣味性，从而增强包装的吸引力。

雕塑泥包装

该包装采用抽象、不规则的卡通图案作为设计点，配合圆桶包装，使用户可以左右拧动上下包装盒，随意组合
卡通图案的上半身和下半身，整个包装具有趣味性和设计感。

5. 借代

借代指在包装中不直接说出要展现的内容，而是"借"与其有密切象征关系的其他事物来"代替说明"的一种表现手法。在包装中通常把被代替的内容叫本体，用来代替的内容叫借体，本体和借体之间必须有密切关联，如洗洁精包装，可"借"洗碗场景来"代替说明"洗洁精好用。在包装中运用借代图形表现手法，能使整个包装的效果更突出、特点更鲜明，引起用户的联想。

大米包装
该包装"借"水稻和饭碗来"代替说明"大米，直观地表现了产品的特点。

2.2.3 包装图形的设计要点

设计师在进行包装图形设计时，需要注意以下两点。

● 能准确传达产品信息。包装图形必须真实准确地传达产品的信息。这里的准确并不是指简单地描述产品内容，而是图形要与产品相契合。如农夫果园饮品，以不同的水果、蔬菜作为包装图形，将饮品的原材料和口味直观地体现出来。

● 具有独特的视觉效果。一款优秀的包装所传达的信息要想被用户所接受，一个重要的前提就是包装图形要具备较强的视觉冲击力。只有独特、鲜明而富有创造性的图形才能给用户留下深刻的印象，从而更有效地传达出产品信息。

2.3 | 文字

文字作为传达信息最直接的工具，不但能提升包装的信息传达能力，还能提高包装的美观度，加深用户的印象。

2.3.1 包装文字的类型

根据包装文字的性质和功能，包装文字可分为品牌文字、广告文字及说明文字。

1. 品牌文字

品牌文字是品牌名称、产品名称、企业标识等的总称，是具有形象记忆特征的标志性文字，也是代表品牌形象的文字。品牌文字一般安排在包装较醒目的位置，具有较强的视觉冲击力，能快速提升用户对产品的好感度，为促使用户购买产品打下基础。

Kallo包装

Kallo是一家有机食品公司，在包装中使用企业名称"Kallo"作为品牌文字，不但简洁直观，而且能加深用户对品牌的印象。

2. 广告文字

广告文字即包装的广告语，企业可以通过广告文字来实现品牌与用户的联结，进行更深层次的品牌沟通，如蜡笔小新果冻以"蜡笔小新天天开心"作为广告文字，充分体现了品牌理念。需注意的是，广告文字的视觉强度应尽量不超过品牌文字，避免喧宾夺主。在设计广告文字时，要做到简单、易读，并能引起用户的共鸣或欣赏。

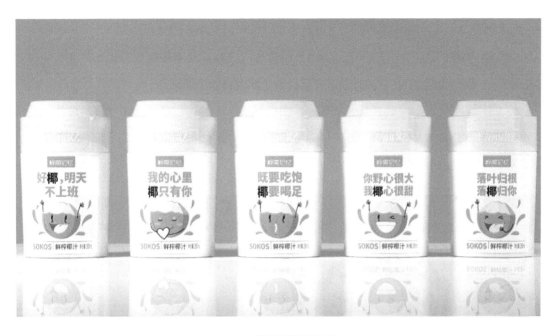

岭南记忆椰汁包装
该包装的中间区域的文字为广告文字，该文字将生活中的事情与椰汁相联系，使包装更具有生活气息。

3. 说明文字

说明文字一般是对产品内容做出细致说明的文字，是产品功能与使用内容的详细解释，应遵循相关的行业标准和规定。说明文字的内容主要有产品用途、使用方法、功效、成分、重量、体积、型号、规格、生产日期、生产厂家信息、保养方法和注意事项等。

说明文字应排列整齐，大小统一，避免喧宾夺主、杂乱无章。此外，说明文字还应简洁、表述规范，这样才能方便用户快速、准确地理解相关信息。

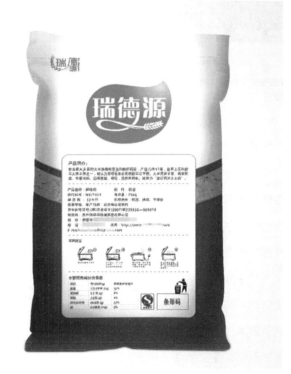

瑞德源包装
该包装的说明文字位于包装的背面，主要内容包括产品简介、产品名称、配料、执行标准、净含量、保质期等，用户只需查看说明文字，即可了解产品的详细信息。

2.3.2 包装文字的设计原则

文字的作用主要是介绍产品信息、渲染气氛等。要想让文字既能充分传达产品信息，又能与图形和谐统一，在设计包装文字时就需要遵循以下原则。

● 包装文字要符合包装整体设计要求。包装是造型、构图、色彩、文字等的总体体现，文字的字体、大小、表现方式都要与包装的整体设计相契合，使文字与包装总体效果和谐统一，切忌片面突出文字。

泰国胶原蛋白片包装

该包装的整体色调为橙色，在图形上采用人物祈祷平安的场景作为包装图案，整个场景和谐自然。同时，为了加强文字与包装总体效果的契合度，设计师采用了较为柔和的字体来突显女性的柔美。

● 包装文字应具备艺术性和易读性。包装文字的艺术性要求文字排列优美、疏密有致，大小、粗细得当。而易读性也是包装文字必须具备的特性，易读性差的文字使人难以辨认，文字本身的表达功能难以实现，缺乏感染力，容易让人产生视觉疲劳。在包装中如果文字较少，可将文字设计得较醒目，使文字具有艺术性；若字数较多，则应从阅读效率入手，使文字便于阅读。

饮料包装

该包装没有过多地使用文字进行说明，只是展现了产品名称和饮料说明，简单、易于识别。

● 包装文字要结合产品特点。文字是为美化包装、介绍产品、宣传产品而编写的。文字不仅要具备感染力，还要与产品特点相契合，如有些化妆品包装的文字使用细线体，能给人优雅之感。

● 包装文字的字体种类不能过多。一般包装中的文字字体应在3种之内。若使用过多的字体，会破坏包装的统一性，使包装显得烦琐和杂乱，将过多的字体进行任意组合，会破坏包装效果的协调。

● 包装文字排版要美观。文字是影响包装效果的主要因素。良好的文字排版能增强包装的美观度，给用户留下深刻的印象。

饮料包装
整个包装将文字居中排列，不但排版整齐，而且视觉美观度高。

2.3.3 包装文字常用字体

文字主要通过字体的变化来进行表现，包装文字常用字体通常分为规范字体、书法字体、图形字体3种类型。

1. 规范字体

规范字体又称印刷体，印刷体又有英文和中文之分。英文印刷体有Times New Roman、Excelsior、Stempel Schneidler等，中文印刷体有黑体、宋体、仿宋体、楷体等。印刷体具有横细竖粗、

扩展知识

常用中文字体类型

结体端庄、疏密适当、字迹清晰等特点。用户长时间阅读规范字体，不容易疲劳，因此规范字体常用于品牌文字或说明文字中。

规范字体

2. 书法字体

书法字体指具有书法风格的字体，如隶书、行书、草书、篆书和楷书等。书法字体具有较强的文化底蕴，该字体优雅、字形自由多变、顿挫有力，力量中掺杂着文化气息，常用于茶叶、陶瓷、文创用品等产品的包装。

书法字体

3. 图形字体

图形字体是指将文字与图形融合在一起形成的一种新的字体形态，其不仅具有文字的表述作用，还具备图形的美观性。图形字体比规范字体更具特色。

图形字体

2.4 ｜ 创意

在包装中，创意是一种有目的、预先策划的行为。包装的创意会直接影响产品销售和市场展现效果，在整个包装设计中不可或缺。要在包装中体现创意，设计师可从图形、文字入手。

2.4.1 包装图形创意

图形创意对于包装主题的表达、信息的传递至关重要。包装设计中的图形包括宣传形象、Logo、卡通造型、辅助图形等，包装的创意可从识别、沟通与传达、个性中体现。

1. 识别

具有创意性的包装图形要具备识别性。包装设计要充分显示产品的Logo特征，使用户通过图形就能立刻识别出产品，如百事可乐包装的红白蓝圆球Logo、麦当劳包装的"M"字母形象等，都让人印象深刻。

百事可乐包装

2. 沟通与传达

产品包装要能与用户进行简单层次的沟通并传达信息，如通过包装中的图形准确传达产品信息，或通过包装中的图形传达设计师某些特殊的心理体验与感受。例如，儿童食品的包装常用很逼真的产品照片，配以儿童形象或者色彩鲜艳的卡通图形，与父母、儿童本人进行视觉上的直接沟通，使其产生共鸣，形成"就要买这个产品"的视觉导向。

酥饼包装
该包装采用手绘的形式，将不同口味的水果形状展现到包装上，向用户准确传达不同的酥饼味道。

3. 个性

包装的个性主要体现在表达方式上，在进行包装图形设计时，可以用隐晦的方式表达出用户对产品理想价值的要求，以促使用户产生心理联想，牵动用户的感情而激起用户的购买欲。

茶叶包装

该产品主要受众群体为文艺青年，在包装设计上使用淡雅的水彩插画展示包装的主体视觉图形，视觉图形的内容主要是各个茶叶产区的风景和动物，不仅展现了产品的来源，还让受众群体对插画中的风景和动物产生向往和联想，增强了包装的吸引力。

防水鞋包装

该包装以3D立体插画形式展示电鳗、螃蟹、食人鱼等对人的安全造成威胁的水生动物，让用户联想到安全防范，进而过渡到"防水"，完美地体现了产品的防水功能，突出了产品与同类产品的差异，十分具有个性和创意。

2.4.2 包装文字创意

在包装设计中，文字是传达信息的直接元素，文字创意也是包装创意的重要部分。常见的文字创意方式有文字的变形、文字笔画的连用与共用、文字的图意化、文字的联想美化。

1. 文字的变形

文字的变形是指对文字的结构进行分割、删减、加粗、拉伸等变形操作，使文字在视觉上更具美感，同时还保持原有的辨识度。需注意的是，在文字的变形过程中，需要先理解文字含义和包装主题，使变形后的文字与包装主题有机结合，产生更具新意的文字效果。如科技类主题包装可以对文字进行分割、重组，使文字产生一种科技感。

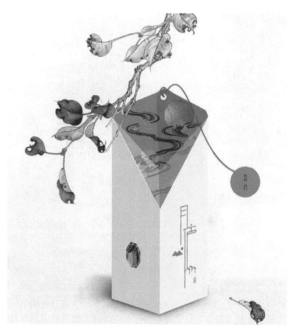

茶叶包装
该包装将"月庐"文字延长，与下方的房屋和山峰融合，使文字产生"悠然"的意境。

2. 文字笔画的连用与共用

文字笔画的连用与共用是指根据文字笔画的位置、走向，改变文字本身的造型，实现笔画与笔画的有机连接，加强文字的视觉传达效果。在调整文字笔画时，可根据文字部首偏旁的位置、大小及文字的空间结构灵活变化，使文字内容更具个性。需注意的是，在对文字笔画进行连用和共用时，要使文字具备识别性，保证用户在查看包装时，能够识别文字内容。

Kiehl's化妆品包装
该包装文字采用连笔的方式，实现字母与字母间的有机连接，增加了包装的美观性。

3. 文字的图意化

文字的图意化是指发挥想象力，在包装中使用创意设计方法，如变形、拟物、夸张等，突出文字的寓意，展现文字的视觉魅力，使文字的意义从抽象转化为具象。要对包装中的文字进行图意化表现，就必须先充分挖掘文字的内在含义，或包装的主题。

满口香花生包装

该包装在"口"字中加入了舌头图案，使"口"字看起来像一张正要吃东西的嘴巴，这样的文字效果更图意化，同时使整个包装更能体现产品特点。

4. 文字的联想美化

文字的联想美化是指根据字体的外形结构、文字所表达的意境、包装的主题等内容联想到某个具体事物，在保持文字基本形态的基础上进行美化设计，为文字整体或局部的笔画添加装饰图形，使文字形象化。文字的联想美化可以营造包装的整体视觉氛围，强化包装意境。

饮料包装

该系列包装左侧为不同人物骑着电瓶车飞驰的场景，右侧文字则通过变形延续飞驰感，更加符合整个包装的场景。

2.5 | 版式

色彩、图形、文字等设计要素，经过不同的版式编排，可以产生不同的风格特点。根据用户的浏览习惯和审美需求，选择恰当的设计方式、方法进行科学合理的版式编排，可将包装信息准确有效地传递给用户。

2.5.1 包装版式的编排方式

在包装设计中，版式编排也是一门学问，好的版式可使包装结构分明，达到增加美观度、提高可读性的效果。常见的包装版式编排方式包括焦点式编排、色块分割式编排、包围式编排、局部式编排、文字式编排、平铺式编排、组合式编排、图标式编排和局部镂空式编排等。

1. 焦点式编排

焦点式编排是一种比较常用并且实用的编排方式，主要是将产品或能体现产品属性的图形作为主体，并将该主体放在整个视觉的中心，产生强烈的视觉冲击。

焦点式编排
该包装将人物主体放到视觉的中心，并将意大利面的形状与人物的发型联系起来，具有创意感和美观性。

2. 色块分割式编排

色块分割式编排指用大块的色块或者图片把版面分成两部分或两部分以上，一般情况是用一部分色块来展示图片（视觉主体部分），用其余部分来排列产品信息。这种编排方式有很好的延展性，便于内容的拓展。

色块分割式编排

3. 包围式编排

包围式编排是指将包装上的主要文字信息放在中间，用众多的图形元素将其包围起来，以突出主要文字。这种编排方式不但能突出重要内容，而且会使包装效果显得更加活泼、丰富。

包围式编排
该包装将Logo和巧克力文字放在中间，用其他装饰元素包围文字，以突出文字主体，便于查看。

4. 局部式编排

局部式编排是指在单个包装中隐藏一部分主体图形，只展示图形的局部。该编排方式不仅能增强包装的趣味性，吸引用户的注意力，还能为用户带来一定的想象空间。

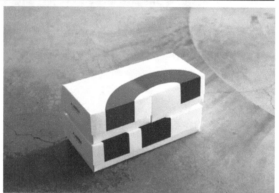

局部式编排

5．文字式编排

文字式编排是指包装的所有内容都由文字组成，文字主要包括品牌名称、产品名称、产品卖点等。这种编排方式弱化了图形，强化了文字，整体版面简洁、大方且美观。需注意的是，文字式编排不能出现视觉上的冲突，使文字主次不清，进而引起视觉顺序的混乱。

文字式编排

6．平铺式编排

平铺式编排是指将包装的元素，如几何线条、仿古纹理、矢量图样等，设计成底纹布满整个包装，让包装效果显得饱满充实。

平铺式编排

7. 组合式编排

组合式编排是指将一些分散的元素，如文字信息、图形元素等，经过设计排列后最终达到图、文合一的效果。这种编排方式比较灵活，更具有带入感。

扩展图库

更多组合式包装

组合式编排

该包装将文字元素和图片元素组合起来，不但更加直观形象，而且更具美观性。

8. 图标式编排

图标式编排是指把品牌Logo作为包装的视觉核心，使其形成一种独立的视觉效果，多用于酒类、茶叶类包装中，构图自带高贵感、品质感，是设计师常用的一种编排方式。

图标式编排

9. 局部镂空式编排

局部镂空式编排是指在包装的某个部分设置镂空效果，便于用户查看产品。局部镂空式编排使画面元素和产品部分内容有效结合，让设计师有了发挥想象的空间。

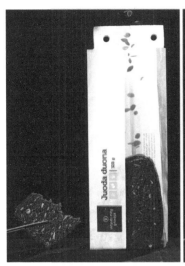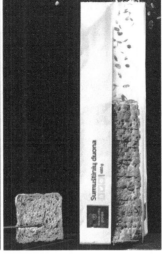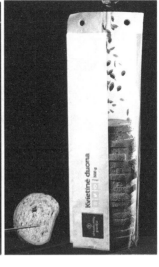

局部镂空式编排

该包装右边为透明包装，用于展示产品；左边为文字说明，用于描述产品。

2.5.2 包装版式的布局原则

设计师在进行版式设计时，除了要掌握基本的编排方式外，还需要掌握以下布局原则，使版式更加合理。

● 内容的排列次序要合理。当包装要展现的内容比较多时，应尽量按照主次进行排序，将主要内容排列在前面，将次要内容放在后面或边缘位置。

● 内容和展现方式要统一。设计师在进行包装版式布局时，版式中所有元素的布局方式应该保持一致，使整个包装的风格和谐统一，更具美观性。

● 设计元素要均衡。设计元素均衡指包装中的文字、图形、色彩等元素要达到视觉上的平衡。视觉平衡分为对称平衡和不对称平衡。包装中各个元素如果达到对称平衡，包装会显得宁静稳重。当然为了增强包装的趣味性，也可以选择不对称平衡。

2.6 | 项目实训——设计葡萄酒包装

1. 实训背景

墨韵酒庄是一家生产与销售葡萄酒的酒类企业，致力于酿品质酒，为用户带来有品质的高端体验。墨韵酒庄一贯的包装风格是简洁、美观、大方、有质感，本实训将为墨韵酒庄设计葡萄酒包装，体现其品牌形象。

2. 实训要求

要求围绕色彩、图形、文字、版式进行葡萄酒包装设计，制作葡萄酒包装的各个平面图，并将平面图运用到葡萄酒瓶的样机（即模型）上查看效果。

● 色彩。以深黄色为主色，以土黄色为辅助色，力求色调统一，且通过明度对比增强包装整体质感与美观度。

● 图形。在维持墨韵酒庄一贯的包装风格的前提下，设计葡萄酒包装时应不做复杂的图形设计，以展示品牌 Logo、简单图形为主。

● 文字。由于包装设计风格简洁，因此文字也应该尽量精简，通过文字让用户了解品牌信息即可。

● 版式。为了让用户快速查看包装内容，版式布局采用焦点式编排，从而快速将用户的视线引导到包装的中间位置。

墨韵酒庄葡萄酒包装效果

3. 操作步骤

下面设计墨韵酒庄葡萄酒包装。该设计主要分为 3 个部分，第一部分主要是设计包装各个面的平面图；第二部分是通过样机展现设计效果；第三部分是添加背景素材。

扫一扫

操作视频

（1）设计包装各个面的平面图

① 启动 Photoshop CC 2020，新建大小为"1625 像素 × 2020 像素"的文件。

② 使用矩形工具绘制大小为"1625像素×2020像素"的矩形，并设置填充色为"#715e42"。

③ 使用椭圆工具绘制两个正圆形，并设置填充颜色为"#4b3d29"。

④ 选择横排文字工具，输入文字"M""墨韵酒庄""MOYUN WINERY"，设置字体分别为"方正粗倩简体""方正行楷简体""方正黄草简体"，设置文字颜色分别为"#715e42""#4b3d29"，完成包装封面的设计（配套资源:\效果\项目2\包装封面.psd）。

⑤ 新建大小为"960像素×2020像素"的文件，并设置填充色为"#5a4432"，完成包装侧面的制作（配套资源:\效果\项目2\包装侧面.psd）。

⑥ 新建大小为"227像素×674像素"的文件，使用与前面相同的方法制作贴纸，完成后保存图像（配套资源:\效果\项目2\包装贴纸.psd）。

（2）通过样机展现包装设计效果

① 打开"葡萄酒包装样机.psd"素材文件（配套资源:\素材\项目2\葡萄酒包装样机.psd）。

② 选择"矩形1"图层，单击鼠标右键，在弹出的快捷菜单中执行"转换为智能对象"命令，然后在其上再次单击鼠标右键，在弹出的快捷菜单中执行"编辑内容"命令，打开编辑页面。

③ 将制作完成的包装封面拖曳到编辑页面中，调整大小和位置。注意要与斜面对齐，完成后保存图像，即可将效果应用

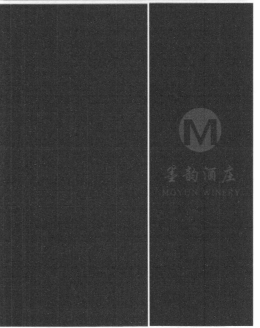

到样机上。

④ 使用相同的方法给其他面添加智能对象，便于效果的展现。

⑤ 在最下方图层上新建图层，然后使用画笔工具绘制包装投影。

（3）添加背景素材。

① 打开"葡萄酒包装背景.jpg"素材文件（配套资源:\素材\项目2\葡萄酒包装背景.jpg）。将其拖曳到图像的最下方，调整大小和位置。

② 添加"亮度/对比度"调整图层，设置亮度、对比度分别为"54""68"。

③ 完成后保存图像，并查看完整效果。

2.7 ｜ 课后练习

① 从色彩、图形、文字和版式等方面分析下图所示的米酒包装。

② 从创意的角度分析下图所示的面粉包装采用了哪种创意设计方式，并对创意点进行描述。

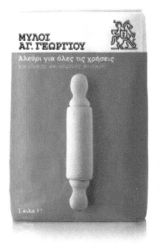

2.8 | 知识拓展——色彩的情感属性

不同的色彩有不同的情感属性，了解色彩的情感属性能帮助设计师更好地运用色彩进行包装设计。

● 黑色。黑色象征权威、高雅、低调、创意；也意味着执着、冷漠、防御、分量感十足。

● 灰色。灰色象征诚恳、沉稳、考究。

● 白色。白色象征纯洁、神圣、善良、信任与开放。

● 深蓝色。深蓝色象征权威、保守、中规中矩与务实。

● 褐色、棕色、咖啡。褐色、棕色、咖啡色在典雅中蕴含着安定、沉静、平和、亲切等意象，给人情绪稳定、容易相处的感觉。

● 红色。红色象征热情、性感、权威、自信、能量充沛，不过有时候会给人留下血腥、暴力、忌妒、控制欲强的印象，容易造成心理压力。

● 粉红色。粉红色象征温柔、甜美、浪漫、没有压力，可以软化攻击、安抚浮躁。比粉红色更深一点的桃红色则象征着女性的热情，相比浪漫的粉红色，桃红色给人更洒脱、大方的感觉。

● 橙色。橙色给人亲切、坦率、开朗、健康的感觉。

● 黄色。黄色是明度极高的颜色，能刺激大脑中与焦虑有关的区域，具有警告的效果。艳黄色象征信心、聪明、希望；淡黄色象征天真、浪漫、娇嫩。

● 绿色。绿色能给人无限的安全感，在人际关系的协调上可扮演重要的角色。绿色象征自由和平、新鲜舒适；黄绿色给人清新、有活力、快乐的感觉；明度较低的草绿色、墨绿色、橄榄绿色则给人沉稳、知性的感觉。

● 蓝色。蓝色是兼具灵性、知性的色彩，色彩心理学测试发现，几乎没有人会对蓝色反感。明亮的天空蓝色，象征希望、理想、独立；暗沉的蓝色，意味着诚实、信赖与权威；正蓝色、宝蓝色在热情中带着坚定与智慧；淡蓝色、粉蓝色可以让人完全放松。

● 紫色。紫色是优雅、浪漫，并且具有哲学家气质的颜色。紫色光波的波长是可见光中最短的，在自然界中较少见到，所以被引申为象征高贵的色彩。淡紫色象征浪漫，给人高贵、神秘、高不可攀的感觉；而深紫色、艳紫色则给人魅力十足、略带狂野又难以探测的感觉。

02 设计篇

项目3 纸盒包装设计——设计"大隐山"茶叶礼盒包装

纸盒是常见的包装形式，日常生活中除了蜂蜜、矿泉水等液体产品需要使用玻璃、塑料、金属包装外，其余很多产品都能使用纸盒包装，因此掌握纸盒包装设计是非常重要的。本项目将以设计"大隐山"茶叶礼盒包装为例，先介绍纸盒包装设计的基础知识，然后根据项目背景和要求进行茶叶礼盒包装设计。

扩展图库

案例赏析

3.1 | 项目目标

知识目标	1. 掌握纸盒包装分类 2. 熟悉常用纸盒包装结构 3. 熟悉特殊形态纸盒包装结构 4. 熟悉纸盒包装设计制图符号
技能目标	1. 能够利用纸盒包装的基础知识绘制纸盒包装效果图 2. 能够制作不同纸盒包装平面图
素质目标	1. 培养设计纸盒包装的能力 2. 培养对纸盒包装效果的审美能力 3. 培养熟练使用软件设计与制作纸盒包装的能力
实训目标	
实训项目	1. 设计"大隐山"茶叶礼盒包装 2. 设计宝宝退烧贴包装
实训总结	1. 在进行包装设计时，需要根据产品特点确定包装内容 2. 品牌是影响包装色调、图形设计的重要因素

3.2 | 项目描述

3.2.1 项目背景

"大隐山"集团是一家茶品牌企业，具有悠久的历史文化。其品牌颜色是深蓝色，品牌风格常以古朴、有质感的图形元素体现，如古代人物，古风纹理、文字等。本项目的"大隐山"乌龙茶是"大隐山"集团的一款茶叶，口味兼具绿茶的清香、红茶的甘醇，属于乌龙茶中品质较高的种类。由于茶叶中的成分容易受到湿度、氧气、温度、光线、异味的影响而变质，因此为了保证茶叶品质不受影响，设计师需要为"大隐山"乌龙茶设计一款包装，要求在充分考虑防氧化、防潮、防高温、防阳光直射等因素的前提下，兼具美观与实用性。

3.2.2 项目要求

根据项目背景的描述，本项目在制作时主要有以下要求。

● 包装设计主题。制作具有古韵的"大隐山"茶叶礼盒包装。

● 包装目的。凸显茶叶品质，迎合市场对茶叶包装的美观需求。

● 包装形式。礼盒包装注重品质，应有内包装、外包装两种形式。内包装一般为立体的纸盒，外包装则为手提袋。

● 包装风格。整体设计风格为复古风，色彩以品牌颜色——深蓝色为主，体现品牌调性，再搭配红色增强包装质感。文案要简洁、图形要直观，要体现古朴风韵。

3.3 | 知识准备

3.3.1 纸盒包装的分类

纸盒包装可按照材料、形状、结构及成型后是否可以折叠进行

扩展知识

纸盒包装内容详解

分类。

- 纸盒包装按不同材料，可分为瓦楞纸盒、白板纸盒、箱板纸盒等。
- 纸盒包装按不同形状，可分为方形纸盒、圆形纸盒、多边形纸盒、异形纸盒等。
- 纸盒包装按不同结构，可分为摇盖纸盒、扣盖纸盒、手提式纸盒、抽屉式纸盒等。
- 纸盒包装按纸盒成型后是否可以折叠，可分为固定纸盒和折叠纸盒。

3.3.2 常用纸盒包装结构

常用纸盒包装结构有管式纸盒结构和盘式纸盒结构两种。

1. 管式纸盒结构

管式纸盒结构是日常生活中较常见的包装形态，一般为单体结构，盒型呈四边形或多边形，食品、日常用品、药品包装多采用这种结构。

管式结构由盒体、盒盖和盒底3部分组成。A（长）、B（宽）、C（深）、D（糊头）组合成盒体，盒盖和盒底通过插舌、肩、锁扣与盒体相连、固定，组成完整的立体包装。

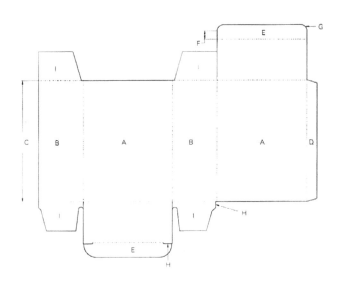

国际标准中小型管式纸盒结构包装标准

- A代表纸盒的长度，也称纸盒的开口处，是纸盒的第一个尺寸。
- B代表纸盒的宽度，是纸盒的第二个尺寸。
- C代表纸盒的深度，也称盒高，是纸盒收纳物品的深度。
- D代表糊头，是纸盒成型主要的结合部位。糊头的尺寸一般与纸盒的大小成正比，通常是15毫米~20毫米。糊头边糊好后，盒宽的纸边不会从糊头处凸出。
- E代表插舌，插入盒身或盒底，用于固定盒盖。

- F代表肩，是盒盖摩擦和受阻力的部分。F值越大，摩擦越强，通常为5毫米。
- G代表半径，其值为插舌的宽度减去肩的宽度。
- H代表锁扣，是插舌的锁合处，有公母之分。公锁扣一般比母锁扣小2毫米，以确保锁合后的紧密性。
- I代表防尘翼（也称摇翼），不仅能防尘，还能提升纸盒的整体强度。防尘翼不能大于纸盒长度的1/2，否则左右两片会重叠在一起。

（1）盒体

盒体是纸盒的主要组成部分，主要由前面板、后面板、左侧面板和右侧面板4个面板组成。

（2）盒盖

管式纸盒盒盖的结构主要分为插入摇盖式、锁口式、插锁式、摇盖双保险插入式、粘合封口式、连续摇翼窝进式、正掀封口式、一次性防伪式等。

- 插入摇盖式。插入摇盖式盒盖包括摇翼和盒盖两部分。摇翼位于纸盒两侧，多为正方形或长方形，盒盖下摇翼向内折可以盖住盒口。盒盖有伸出的插舌，以便插入盒体起到封闭作用。设计时应注意插舌、盒盖、盒体的咬合。

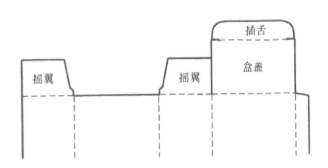

插入摇盖式盒盖结构示意图

- 锁口式。锁口式结构通过纸盒两侧的摇盖相互插接锁合，使封口比较牢固，但相对于插入摇盖式结构来说，其组装与开启稍显麻烦。

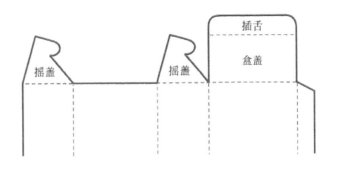

锁口式盒盖结构示意图

● 插锁式。插锁式结构是插入摇盖式结构与锁口式结构的结合，因为是摇盖插接锁口，所以比插入摇盖式更牢固。

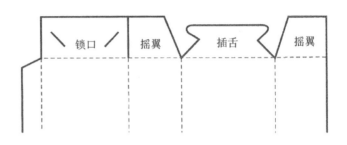

插锁式盒盖结构示意图

● 摇盖双保险插入式。摇盖双保险插入式结构是插入摇盖式结构的升级，由于有两部分插舌使摇盖受到双重咬合，因此更加牢固。其盒盖可通过扣动插舌打开，便于多次重复使用。

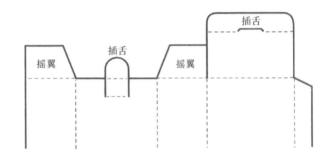

摇盖双保险插入式盒盖结构示意图

● 粘合封口式。粘合封口式结构指通过黏合的方式，将盒盖黏合在一起。该结构的纸盒密封性好，适合自动化机器生产，但不能重复使用。该结构的纸盒常用于包装粉状、粒状的产品，如洗衣粉、谷类食品等，一旦拆开，就无法重复使用。

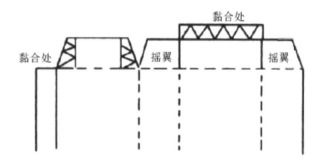

粘合封口式盒盖结构示意图

● 连续摇翼窝进式。连续摇翼窝进式结构是通过摇翼的连续折叠窝进实现封口。该结构的特点是造型美观，极具装饰性，但盒盖的封口牢固度偏低，只适合包装一些重量较轻的产品。

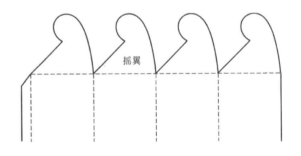

连续摇翼窝进式盒盖结构示意图

● 正掀封口式。正掀封口
式结构利用纸张的耐折和韧
性，采用弧形的折线，按下压
翼来实现封口。该结构的纸盒
组装、开启、使用都很方便，
适合包装小商品。

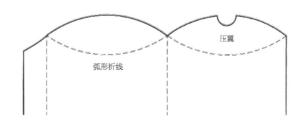

正掀封口式盒盖部分结构示意图

● 一次性防伪式。一次性
防伪式结构利用齿状裁切线，使
用户在开启包装的同时破坏包
装结构，防止有人利用包装仿
冒产品。该结构的纸盒常用于
包装药品、纸巾和一些小食品等。

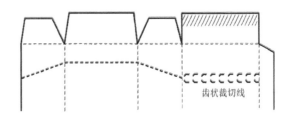

一次性防伪式盒盖部分结构示意图

（3）盒底

盒底对于包装的承重、抗压、防震等十分重要，盒底结构需要根据产品的性能、大
小、重量进行选择。常用的盒底结构包括插口封底式、粘合封底式、自动锁底式、锁
底式、间壁封底式等。

● 插口封底式。该结构
同插入摇盖式结构相同，只
能承受较轻的产品。该结构
简单方便，广泛应用于小型
产品的包装，如牙膏、香皂
等产品的包装。

● 粘合封底式。粘合封
底式结构常用于机械包装，
是盒底的两翼互相有胶水黏
合的封底结构。该结构的纸
盒用料简单，能承受较重的
产品。

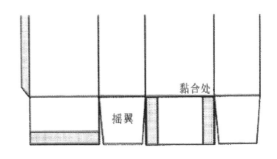

粘合封底式盒底结构示意图

● 自动锁底式。自动锁底式结构采用了粘贴的加工方法，在盒底进行少量粘贴，使用时只要展开粘贴的盒身，即可恢复到框型形状，同时盒底即可自动连成锁底。

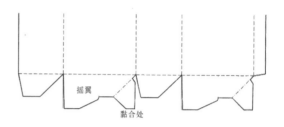

自动锁底式盒底结构示意图

● 锁底式。锁底式结构将盒底的摇翼部分设计成互相咬合的形式进行锁底，常用于中小型产品包装。

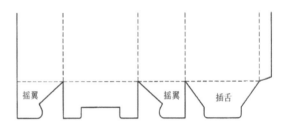

锁底式盒底结构示意图

● 间壁封底式。间壁封底式结构将盒内容分割为2、3、4、6、9格的不同间壁状态，这些间壁状态能有效地固定包装内的产品，防止产品损坏。该结构的抗压性强，对产品的保护作用大，常用于酒类包装。

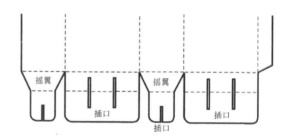

间壁封底式盒底结构示意图

（4）锁扣

纸盒的成型过程中不使用黏合剂，而是利用纸盒本身某些经过特别设计的锁扣结构，使纸盒牢固成型、封合。锁扣的结构类型很多，可按照锁扣左右两端切口形状是否相同将锁扣结构分为互插和扣插。需注意的是，不管采用哪种锁扣形式，都必须具备易合、易开、不易撕裂的特点。

● 互插。互插结构指两端切口位置不同，形状相同，是两端互相穿插以固定纸盒的方法。

● 扣插。扣插结构指两端切口的位置和形状均不同，一端切口嵌入另一端切口内，使纸盒固定。

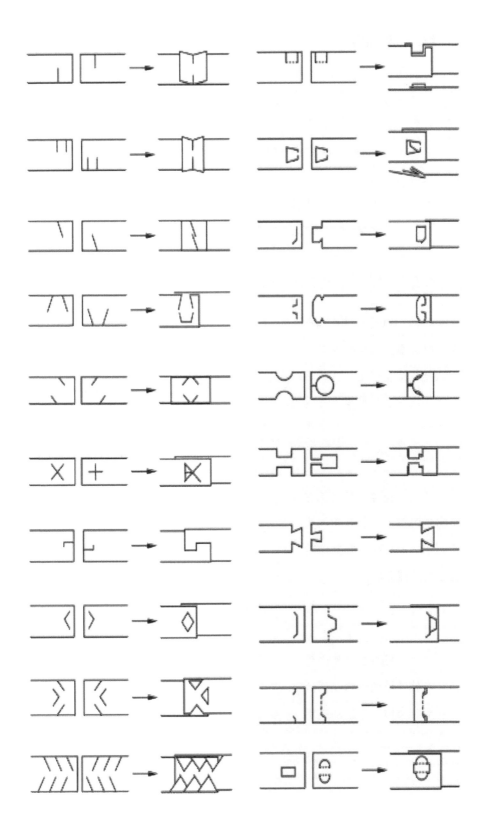

互插（左）和扣插（右）结构示意图

2. 盘式纸盒结构

盘式纸盒结构是由纸板四周进行折叠咬合、插接或黏合而成型的纸盒结构。盘式纸盒结构具有高度较小、开启后产品的展示面大等特点。盘式纸盒的主要成型方法有别插组装、锁合组装、预粘组装等。

● 别插组装。别插组装指纸盒包装四周没有粘接和锁合，简单方便，广泛应用于小型产品的包装。

● 锁合组装。锁合组装指纸盒包装四周通过锁合使结构更加牢固。

● 预粘组装。预粘组装指纸盒包装四周通过局部的预粘，使组装更简便，也更牢固。

盘式纸盒盒盖的主要结构有罩盖式、摇盖式、抽屉式及书本式等。

● 罩盖式。罩盖式结构指盒体由两个独立盘型结构相互罩盖而成，该结构造型优美、形状简约，常用于服装、鞋帽等产品的包装。

罩盖式结构效果

● 摇盖式。摇盖式结构指在盘式纸盒的基础上延长其中一边设计成摇盖，其结构特征类似管式纸盒结构的摇盖。

摇盖式结构效果

● 抽屉式。抽屉式结构由盘式盒体和盒体外罩两个独立部分组成，其形状类似日常生活中用到的抽屉。

抽屉式结构效果

● 书本式。书本式结构
的开启方式与精装图书类似，
其摇盖通过附件来固定。

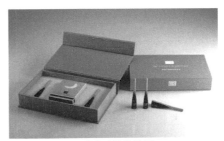

书本式结构效果

3.3.3 特殊形态纸盒包装结构

特殊形态纸盒包装结构是在常用纸盒包装结构的基础之上演变而成的，设计师可通过纸创造出有创意的包装。特殊形态纸盒包装结构包括变形式、开窗式、吊挂式、手提式等。

● 变形式。变形式结构是对常用包装
结构进行变形而来的，该结构能使整个包
装具有趣味性与多变性，常用于小零食、
糖果、玩具等产品的包装。该结构具有制
作工艺烦琐、形状多样的特点。

变形式结构效果

● 开窗式。开窗式结构指在包装上切
出"窗口"，用户可通过"窗口"查看产
品内容。

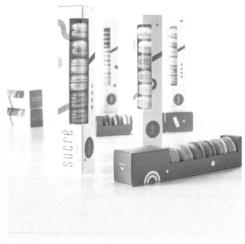

开窗式结构效果

● 吊挂式。吊挂式结构指在纸盒的上方设有挂孔或挂钩，将产品通过吊挂的方式展现到店铺的醒目位置，便于用户查看与购买，常用于电池、牙刷、文具等小产品的包装。

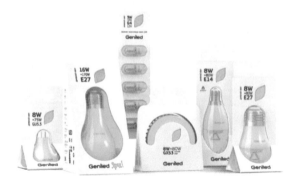

吊挂式结构效果

● 手提式。手提式结构指在纸盒上方设有手提区域，便于用户携带产品，常用于礼盒包装。但要注意产品的体积、重量、材料及提手的构造是否恰到好处，避免用户在使用过程中损坏产品或损伤手。

手提式结构效果

3.3.4 纸盒包装设计制图符号

绘制纸盒展开图时，常常需要使用一些制图符号来体现纸盒的各个部分，便于后期打版。常用纸盒包装设计制图符号包括粗实线、细实线、粗虚线、细虚线、点划线、破折线、阴影线、方向符号等，见表3-1。

表3-1　常用纸盒包装设计制图符号

线型	线型名称	用途
———	粗实线	裁切线
——	细实线	尺寸标志线
- - - - - -	粗虚线	齿状切割线
- - - - - - -	细虚线	内折压痕线
—·—·—·—	点划线	外折压痕线
//////	破折线	涂胶区
⌃	阴影线	断裂处界限
——→	方向符号	纸张走向

3.4 ｜ 项目设计思路

3.4.1 整体构思

茶叶包装在防潮、防高温、防阳光直射等方面的要求很高。为了避免茶叶被损坏，可将"大隐山"茶叶礼盒分为内包装和外包装两个部分。

- 内包装。内包装用于承装茶叶，起到保护产品的作用。设计师可采用管式纸盒结构，配合插口封底式盒底，使包装更具密封性和牢固性，然后通过粘合封口式盒盖使纸盒变得牢固。

- 外包装。内包装虽然便于盛装茶叶，但不便于携带，因此可使用牛皮纸制作外包装，便于外出携带。

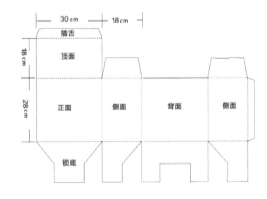

内包装结构与尺寸

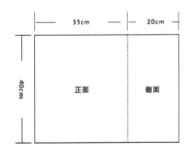

外包装结构与尺寸

3.4.2 图形构思

整体设计风格为复古风。茶叶本身具备古朴的质感，只要搭配具有古典韵味的图形素材，就能很好地体现这种风格。本项目采用手绘插画的方式绘制祥云、梅花、古人、茶几等具有古典气息的图形，营造古人背对月亮坐在树枝上喝茶的情景，充满历史悠久、古色古香的韵味。

3.4.3　色彩构思

"大隐山"的品牌颜色为深蓝色。为了与企业的整体形象呼应，在设计茶叶礼盒时，也将深蓝色作为主色。同时为了丰富颜色，可采用色彩对比的方法，将红色和蓝色作为辅助色，使整个包装颜色对比强烈，更具美观性。点缀色主要起到美化的作用，使整个包装的颜色过渡自然，在颜色的选择上可使用浅蓝色、深灰色和黄灰色，增强包装的古韵。

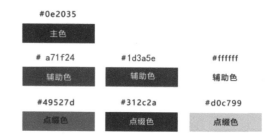

3.4.4　文字构思

文字是整个包装不可或缺的部分。为了体现包装的古朴质感并提高美观度，可在包装正面突出显示"茶香"二字，体现茶叶的品质，并添加说明文字"俗人多泛酒，谁解助茶香。"进行辅助说明。为了宣传品牌，还需注明品牌名称"大隐山"，该名称沿用企业的名称和字体，便于用户识别。

3.5 ｜ 项目实施

3.5.1　绘制"大隐山"茶叶礼盒包装插画

在设计"大隐山"茶叶礼盒前，需要先绘制礼盒中可能用到的插画，以便后期绘制平面结构图，具体操作如下。

① 启动 Photoshop CC 2020，新建大小为"15厘米×15厘米"的图像文件。

② 使用椭圆工具绘制"630像素×630像素"的圆形，并填充颜色为"#1d3a5e"，然后使用直接选择工具选择右侧的锚点，并按【Delete】键删除右侧半圆，完成半圆的绘制。

③ 打开"图层样式"对话框，勾选"描边"复选框，设置大小为"2"，颜色为"#ffffff"，然后勾选"投影"复选框，设置不

扫一扫

操作视频

透明度为"49%"，距离、扩展、大小分别为"4、0、6"，单击"确定"按钮。

④ 使用相同的方法在半圆的上方绘制颜色为"#a71f24"的半圆，并叠加"古典祥云花纹"图案，然后在下方绘制其他半圆。

⑤ 使用矩形工具在两侧半圆的中间区域绘制矩形，并设置颜色为"#1d3a5e"，然后添加图层样式。

⑥ 打开"茶叶礼盒素材.psd"素材文件（配套资源:\素材\项目3\茶叶礼盒素材.psd），将素材依次拖曳到图像中，调整大小和位置。

⑦ 使用横排文字工具输入文字"茶""香"，设置字体为"方正细谭黑简体"，调整字体大小和位置。

⑧ 使用直排文字工具输入文字"俗人多泛酒，谁解助茶香。"，设置字体为"方正仿郭简体"，调整字体大小和位置，然后对文字添加描边、投影图层样式，完成后保存插画（配套资源:\效果\项目3\纸盒包装插画.psd）。

3.5.2 制作"大隐山"茶叶礼盒包装平面结构图

完成礼盒插画的绘制后，即可绘制礼盒包装平面结构图，包括礼盒平面结构图和手提袋平面结构图，具体操作如下。

① 在Photoshop CC 2020中新建大小为"200厘米×100厘米"的图像文件。

② 使用钢笔工具、直线工具、矩形工具绘制礼盒的展开效果。

扫一扫

操作视频

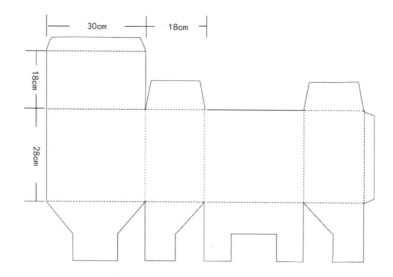

③ 分别使用钢笔工具和矩形工具绘制形状，并设置填充颜色为"#c5c4c4""#0e2035"。

④ 打开"纸盒包装插画.psd"图像文件，将其拖曳到礼盒平面结构图中，调整大小和位置。将其他素材依次添加到对应位置（配套资源:\素材\项目3\茶叶礼盒素材.psd）。

⑤ 使用直排文字工具输入文字，并设置字体为"创艺简魏碑"，然后在最左侧"大隐山"文字下层添加圆角矩形，并添加矢量素材。

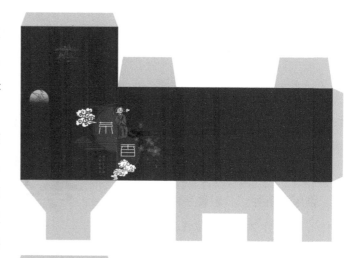

⑥ 复制左侧插画和文字到右侧区域，使用矩形工具在右侧绘制大小为"15厘米×10厘米"的矩形，并设置不透明度为"60%"。

⑦ 使用横排文字工具输入文字，并设置字体为"方正正准黑简体"，调整文字大小和位置，并添加"茶"素材，完成茶叶礼盒平面结构图的制作（配套资源:\效果\项目3\纸盒包装平面展示图.psd）。

⑧ 使用相同的方法，制作"大隐山"茶叶礼盒的手提袋平面结构图，完成后的效果如右图所示（配套资源:\效果\项目3\纸盒包装手提袋平面图.psd）。

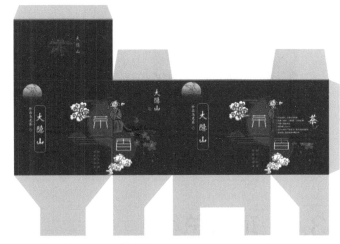

3.5.3 制作"大隐山"茶叶礼盒包装立体效果

完成茶叶礼盒包装平面结构图的绘制后，即可将其应用到立体素材中，制作包装立体效果，具体操作如下。

扫一扫

操作视频

① 打开样机素材文件（配套资源:\素材\项目3\"大隐山"茶叶礼盒样机.psd），选择纸盒正面所在图层，打开编辑界面。

② 打开"纸盒包装平面展示图.psd"，盖印整个效果，使用矩形选框工具框选纸盒正面，然后使用移动工具将框选区域内容移动到编辑界面中。

③ 调整图像的大小与位置，执行"斜切"命令，让图像的整体效果与编辑界面中的矩形重合，完成后保存图像。使用相同的方法，为手提袋添加贴图。

④ 通过色阶、亮度/对比度调整图层，提升图像美观度（配套资源:\效果\项目3\"大隐山"茶叶礼盒包装立体效果.psd）。

3.6 | 项目总结

本项目设计了"大隐山"茶叶礼盒包装，下面结合纸盒包装设计的特点进行进一步的梳理和总结。

① 纸盒包装具有防潮、防高温、防阳光直射、印刷适性良好、加工性能良好、成本低廉、重量较轻、便于运输等特点。本项目采用纸盒作为包装材料，内包装能保护产品，外包装则便于携带。

② 图形是包装不可或缺的一部分，美观的图形能吸引用户的注意力。本项目中的图形以古人月下饮茶的场景作为设计点，体现出了古韵和诗意；祥云等元素的添加，进一步迎合了产品主题。

③ 版式决定了包装的布局，因此版式要合理有序，合理的图文搭配可以形成强烈的视觉吸引力。本项目的版式以图为主体，通过少量的文字排列和设计凸显品质。

3.7 | 项目实训——设计宝宝退烧贴包装

1. 实训背景

"天天"集团是一家经营儿童用品的企业，该企业推出了一款新产品——宝宝退烧

贴，该退烧贴具有亲和皮肤、散热迅速等特点。现要求设计师为该产品设计并制作
纸质包装。

2. 实训要求

要求退烧贴取用方便、设计风格活泼，具体要求和参考效果如下。

● 结构。为了便于用户快速拿取产品，包装采用吊挂式结构。

● 色彩。为了体现活泼的包装风格，以蓝色为主色，以白色为辅助色。蓝色温和，
白色醒目，两者搭配符合设计要求。

● 图形。由于本产品的目标用户群体是宝宝，因此设计师在进行图形设计时，可
直接使用宝宝的卡通形象，明确产品的使用对象。

● 文字。整个包装中的文字包括品牌文字、广告文字和说明文字。品牌文字要体
现品牌内容，广告文字要体现卖点，说明文字需要将产品特征、使用方法、注意事项
等体现出来。

● 版式。为了将用户视线引导到包装中间区域，在版式上主要采用焦点式编排，
便于用户快速查看产品信息。

宝宝退烧贴包装效果

3. 操作步骤

下面设计宝宝退烧贴包装。主要分为两个部分，第一部分是设计
包装平面图，第二部分是制作包装立体效果。

（1）设计包装平面图

① 启动Illustrator 2020，新建大小为 "1024像素×1387像素"

扫一扫

操作视频

103

的文件，使用钢笔工具、直线工具、矩形工具等绘制包装的轮廓，其具体尺寸如下图左侧所示。

② 选择矩形工具，绘制颜色为"#38a3b3"的矩形，完成后将之前绘制的轮廓移动到矩形上方，便于查看板块内容。

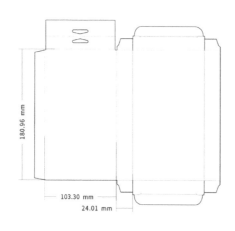 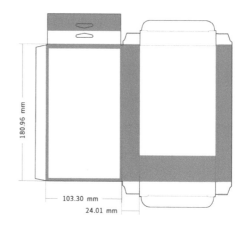

③ 打开"儿童退烧贴素材.ai"素材文件（配套资源：\素材\项目3\儿童退烧贴素材.ai），将素材依次拖曳到图像中，调整素材大小和位置。

④ 使用圆角矩形工具、椭圆工具、矩形工具绘制图像中的各个色块，并分别设置填充颜色为"#38a3b3""#e60012""#ffffff"。

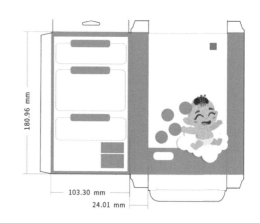

⑤ 使用文字工具输入文字，并分别设置字体为"思源黑体 CN""方正粗黑宋简体""方正品尚黑简体"。

⑥ 将二维码和条形码添加到图像中，删除多余尺寸和板块的内容，最后保存图像（配套资源：\效果\项目3\宝宝退热贴包装平面图.ai）。

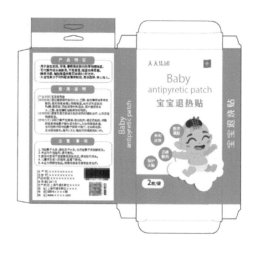

（2）制作包装立体效果

① 使用Photoshop打开"退烧贴样机.psd"素材文件（配套资源:\素材\项目3\退烧贴样机.psd）。

② 双击"图层1"图层，将平面图中的正面移动到编辑界面中，调整位置和大小，完成后保存图像。

③ 使用相同的方法对其他面进行编辑，完成后保存图像（配套资源:\效果\项目3\宝宝退热贴立体效果.psd）。

3.8 | 课后练习

本练习将制作莫允儿品牌奶油饼干包装，由于该包装的目标用户是儿童，因此要求展现饼干实物效果，且具备美观性。制作时先用Illustrator制作饼干纸盒包装平面图，然后将其应用到立体效果中（配套资源:\素材\项目3\饼干包装素材.ai、饼干盒样机.psd。配套资源:\效果\项目3\饼干包装平面图.ai、饼干盒立体效果.psd）。

3.9 | 知识拓展——茶叶包装设计的注意事项

设计师在设计茶叶包装时还要考虑包装的材质，因为茶叶是比较特殊的产品，在环境变化下其中的成分很容易受潮并且变质，所以在选择材质时需要注意以下几点。

● 防氧化。氧含量过多会导致茶叶中某些成分氧化变质，影响茶叶味道，这就要求茶叶包装必须防氧化。

● 防潮。茶叶中的水分是茶叶生化变化的介质，水分含量低有利于茶叶的保存。茶叶中的水分含量过高易造成茶叶的色、香、味等发生变化。因此，应选用防潮性能好的包装材质。

● 防高温。茶叶在高温下会加剧内含物质的氧化，导致多酚类物质迅速减少，品质劣变加快，因此，茶叶包装材质应防高温。

● 阻气。茶叶的香味极易散失，容易受到外界异味的影响，因此茶叶的包装材质必须具备一定的阻隔气体性能。

● 遮光。光线能促进茶叶中叶绿素和脂质等物质的氧化，加速茶叶的陈化，因此茶叶包装材质必须具有遮光的性能。

项目4　瓶罐包装设计——设计"哈尔"果味饮料包装

瓶罐具有良好的密封性和防腐功能，常用于酒、水包装。本项目将以设计"哈尔"果味饮料包装为例，先讲解瓶罐包装设计的基础知识，然后介绍瓶罐包装的设计方法。

学习目标

① 掌握瓶罐包装的相关知识。

② 掌握瓶罐包装的设计方法。

扩展图库

案例赏析

4.1 | 项目目标

知识目标	1. 了解瓶罐的类型 2. 了解瓶罐包装的使用材料
技能目标	1. 能够使用Photoshop和Illustrator软件分别制作瓶罐包装平面图 2. 能够使用Photoshop软件制作瓶罐包装立体效果
素质目标	1. 认识各种各样的容器，培养设计瓶罐包装的能力 2. 了解不同瓶罐造型包装的设计重点与难点

实训目标	
实训项目	1. 设计"哈尔"果味饮料包装 2. 设计"金时矿泉水"包装
实训总结	1. 瓶罐包装设计是服务于瓶罐中的内容的，要根据瓶罐内容的性质等采取不同的设计风格 2. 瓶罐包装设计要考虑品牌气质，设计前可以进行市场调查

4.2 | 项目描述

4.2.1 项目背景

随着生活水平的提高，人们的消费需求呈多元化的发展趋势，美味、营养的果味饮料越来越受人们青睐。据 AC 尼尔森（一家从事市场研究、咨询和分析服务的机构，服务对象包括消费产品和服务行业，以及政府和社会机构）的统计数据显示：以纯净水、果汁及茶饮料为代表的非碳酸饮料由于具有安全、健康等特点，深受广大用户喜爱。"哈尔"是一个绿色环保的饮料品牌，其主营的芒果果汁饮品、水蜜桃果汁饮品获得了很多用户的认可。现为了提升市场占有率，"哈尔"将对芒果果汁饮品、水蜜桃果汁饮品进行包装升级，体现出"哈尔"饮品的"纯鲜果压榨"主题，向用户传达"天然、优质、营养、美味"的观念。

"哈尔"饮料包装瓶的外观

4.2.2 项目要求

根据项目背景的描述，本项目在制作时主要有以下要求。

● 包装主题。纯鲜果压榨，向用户传达"天然、优质、营养、美味"的观念。

● 包装目的。体现饮料的色泽等品质，迎合市场对饮料瓶包装的美观需求。

● 包装形式。饮料瓶包装的上下方需要留出透明部分便于用户查看饮料的颜色、含量等信息，故只在中间部分做外包装设计。外包装的材料主要是塑料。设计时应先设计外包装的平面图，再将设计好的外包装平面图应用到饮料瓶样机上，查看立体效果。

4.3 | 知识准备

4.3.1 瓶罐的类型

了解瓶罐的类型有助于设计瓶罐包装，按不同标准，可对瓶罐进行不同的分类。

● 按外形分类。瓶罐按外形可分为常规瓶罐、带柄瓶罐和管形瓶罐等。

● 按底部形状分类。瓶罐按底部形状可分为圆形瓶罐、椭圆形瓶罐、正方形瓶罐、长方形瓶罐、扁平形瓶罐等。

● 按瓶口尺度分类。瓶罐按瓶口尺度可分为广口瓶、小口瓶等。广口瓶指瓶口内径大于30毫米的瓶罐，常用于盛装半流体、粉状或块状固体物品；小口瓶指瓶口内径小于30毫米的瓶罐，常用于盛装各种流体物品。

● 按瓶口与瓶盖结合的方式分类。瓶罐按瓶口与瓶盖结合的方式可分为连续螺纹瓶口瓶罐、软木塞瓶口瓶罐、倾注用瓶口瓶罐、冠形盖瓶口瓶罐、滚压盖瓶口瓶罐、塑料盖件瓶口瓶罐、喷洒用瓶口瓶罐、压上－拧开瓶口瓶罐、侧封－撬开瓶口瓶罐、玻璃塞磨砂瓶口瓶罐、带柄瓶口瓶罐及管形瓶口瓶罐等。

● 按瓶使用需求分类。瓶罐按瓶使用需求可分为一次性瓶罐和可回收瓶罐。一次性瓶罐使用一次即丢弃；可回收瓶罐可屡次收回，周转使用。

● 按成型办法分类。瓶罐按成型办法可分为模制瓶和操控瓶。模制瓶由玻璃液直接在模具中成型；操控瓶是先将玻璃液拉成玻璃管，再加工成型。

● 按色彩分类。瓶罐按色彩可分为无色瓶、有色瓶和乳浊色瓶。无色瓶指透明的塑料瓶和玻璃瓶，瓶罐明澈无色，可清晰呈现内容物。有色瓶指有颜色的瓶罐，不同颜色的瓶罐盛装的产品一般不同，如绿色瓶罐多用于盛装饮料，棕色瓶罐多用于盛装药品或啤酒。通常有色瓶能够吸收紫外线，起到避光的作用，有利于保护内容物。乳浊色瓶指颜色为乳白色的瓶罐，多用于盛装化妆品和药膏等物品。

4.3.2 瓶罐包装的常用材料

在日常生活中，瓶罐包装的常用材料有铝材、玻璃和塑料。

● 铝材。铝材是铝和其他合金元素组合而成的，具有封闭性好、不易损坏、轻便、可回收利用、造价低等特点，并且铝材容易着色，能进行图案的描绘，是罐装包装设计中较常见的材料。如可口可乐的易拉罐就以铝材作为包装材料。

易拉罐包装

● 玻璃。玻璃是非晶无机非金属材料，一般以多种无机矿物（如石英砂、硼砂、硼酸、重晶石、碳酸钡、石灰石、长石、纯碱等）为主要原料，加入少量辅助原料制作而成，具有阻隔性好、不透气、耐热、耐压、耐清洗、可高温杀菌与低温存储等特点。

玻璃包装

● 塑料。塑料以合成或天然的高分子树脂为主要材料，具有造型美观、轻便和可回收利用等特点。矿泉水瓶、蔬果饮料瓶等常使用塑料作为主要的包装材料。

塑料包装

4.4 | 项目设计思路

4.4.1 整体构思

本项目的"哈尔"果味饮料包装设计的整体构思如下。

● 包装材料选择。果饮饮料包装一般选择塑料作为包装材料，该材料具有造型美观、轻便和可回收利用等特点。

● 瓶子大小。整个瓶身为椭圆体，高为20厘米，最粗区域的直径为8厘米，外包装的高度应占整个瓶身高度的1/2，因此外包装的高度应为10厘米。外包装的宽度主要根据瓶身的直径来确定，具体宽度为8厘米×3.14=25.12厘米。

● 包装结构。为了在饮料瓶包装中体现产品的主题，可将整个外包装分为3个部分，中间为主要展示区，用于展现外包装的主要信息——"纯鲜果压榨"，左侧为营养成分展示区，右侧为具体信息展示区。

4.4.2 图形构思

本项目主要是为芒果果味饮料、水蜜桃果味饮料的包装进行升级。在为芒果果味饮料设计包装时，为了体现饮料的原材料和口味，可以将芒果的形象融入图形中，并采用拟人的手法，为芒果设计眉毛、眼睛、嘴巴等装饰图形，构建出芒果的动态形象。为了避免单一的芒果图形使画面显得呆板，可在背景中添加波浪、游泳圈等图形，增强画面的趣味性与感染力。

水蜜桃果味饮料包装和芒果果味饮料包装属于同系列包装，为了体现统一性，可采用与芒果果味饮料包装相同的设计方法。

4.4.3 色彩构思

"哈尔"果味饮料主要有芒果和水蜜桃两种口味，为了让包装与产品联系起来，在颜色的选择上，芒果果味饮料包装可以采用芒果颜色"黄色"为主色。同理，水蜜桃果味饮料包装则以"桃红色"为主色，通过明度的变化，整个包装显得和谐统一。为了区别文字和背景，在文字色彩的选择上，可以用白色和黑色作为辅助色，方便查看。

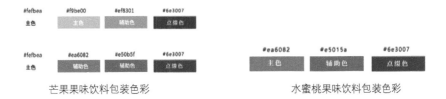

芒果果味饮料包装色彩　　　　　　　　　水蜜桃果味饮料包装色彩

4.4.4 文字构思

"哈尔"果味饮料产品包装的文字主要有品牌文字、广告文字和说明文字。

● 品牌文字。"哈尔"果味饮料的品牌文字为"哈尔果汁"，在设计时，为了更好地体现出品牌信息，可将品牌文字融入图形中，如放到游泳圈上。

● 广告文字。"哈尔"果味饮料的主题是"纯鲜果压榨"，为了体现主题，可直接使用"芒果鲜汁""纯鲜果压榨"等广告文字描述，简洁明了。

● 说明文字。为了获得用户的好感，在进行包装设计时，可在外包装的左侧添加营养成分表，让用户对该饮料的营养成分有所了解。然后在右侧添加信息展示区，加深用户对"哈尔"果味饮料产品的印象。

4.5 | 项目实施

4.5.1 设计"哈尔"果味饮料包装平面图

下面先设计"哈尔"果味饮料的包装平面图，具体操作如下。

① 启动 Photoshop CC 2020，新建大小为"10厘米×25.12厘米"的图像文件。

② 设置背景填充色为"#fefbea"，使用钢笔工具绘制底纹，

扫一扫

操作视频

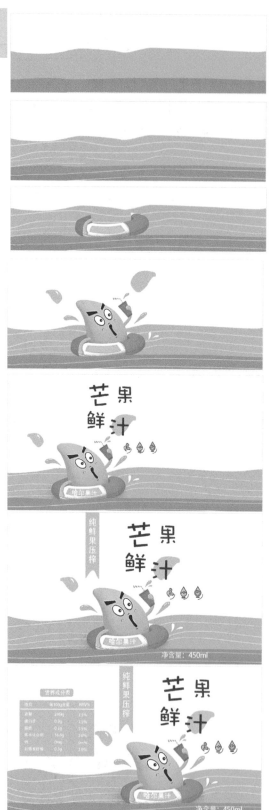

设置填充色分别为"#f9be00""#ef8301"，然后使用画笔工具使颜色形成渐变效果。

③ 使用钢笔工具绘制波浪线条，并设置描边颜色为"#fee7a3"，宽度为"5像素"。

④ 打开"游泳圈素材.psd"素材文件（配套资源：\素材\项目4\游泳圈素材.psd），将其移动到绘制的波浪中，并调整大小和位置。

⑤ 使用相同的方法继续绘制芒果、水滴等图形，并添加"游泳圈素材.psd"素材文件中的水滴素材到图像中。

⑥ 使用横排文字工具输入文字，分别设置字体为"华康娃娃体W5(P)""方正华隶简体"，调整字体颜色，并对文字"哈尔果汁"创建文字变形。

⑦ 使用钢笔工具在文字"汁"下层绘制芒果图形，增加效果美观度。

⑧ 使用矩形工具在文字"芒果鲜汁"的左侧绘制矩形，并对绘制的矩形进行变形。

⑨ 输入文字"纯鲜果压榨"，并设置字体为"Adobe 黑体 Std"。

⑩ 使用圆角矩形工具、矩形工具在左侧绘制圆角矩形和矩形，然后输入营养成分文字，并使用直线对内容进行简单分割。

⑪ 在右侧的空白区域，输入产品的具体信息，并添加"游泳圈素材.psd"中的绿色认证标志（仅展示案例使用）和条形码到图像中，然后保存图像（配套资源:\效果\项目4\芒果包装.psd）。

⑫ 使用相同的方法，绘制水蜜桃果味饮料外包装，效果如下页图所示（配套资源:\效果\项目4\水蜜桃包装.psd）。

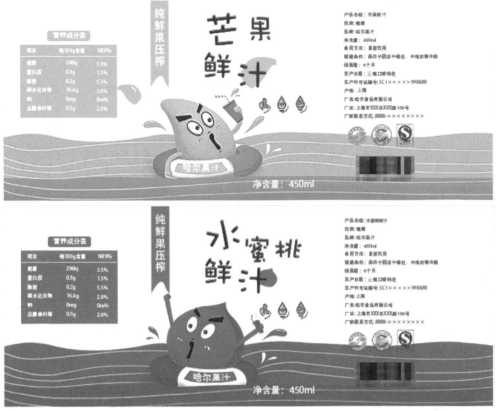

4.5.2 制作"哈尔"果味饮料包装立体效果

下面将完成后的外包装平面图应用到饮料瓶样机上，制作"哈尔"果味饮料包装立体效果，具体操作如下。

扫一扫

操作视频

① 启动 Photoshop CC 2020，打开饮料瓶样机素材文件（配套资源:\素材\项目4\饮料样机.psd）。

② 使用钢笔工具抠取整个饮料瓶身，并将中间的绿色饮品替换为黄色。

③ 双击"双击替换"图层，在打开的编辑界面中，截取果味饮料包装中的重要区域，然后将其移动到编辑界面中，调整大小和位

置，并保存图像，完成外包装的应用。

④ 打开"果味饮料背景.psd""果味饮料背景2.psd"素材文件（配套资源:\素材\项目4\果味饮料背景.psd、果味饮料背景2.psd），将应用外包装后的饮料瓶移动到背景中，调整亮度/对比度、图层样式，完成后保存图像（配套资源:\效果\项目4\"哈尔"果味饮料包装立体效果.psd）。

⑤ 使用相同的方法，制作水蜜桃果味饮料包装立体效果（配套资源:\效果\项目4\"哈尔"果味饮料包装立体效果2.psd）。

4.6 | 项目总结

本项目介绍了设计"哈尔"果味饮料包装的具体方法，在设计饮料包装时有以下几点需要设计师注意。

① 饮料包装需要将饮料的卖点体现出来，以便用户了解产品的品质。本项目的"哈尔"果味饮料包装需要体现"纯鲜果压榨"的卖点。

② 生动、形象的主体物能吸引用户。本项目将主体物设计为正在游泳的芒果和水蜜桃，不但具有趣味性，还能加深用户对产品的印象。

③ 用户查看包装的时间越来越短，因此包装中的内容要尽量简洁，主要内容要尽量简明集中，以增强包装的可读性和记忆度。本项目正是遵循了这种原则，包装中没有多余的内容，效果简洁大方。

4.7 | 项目实训——设计"金时矿泉水"包装

1. 实训背景

"金时矿泉水"是一个纯净水品牌，致力于为用户提供纯净、自然的矿泉水。该品牌的水源来自深山自然水域，其产品都是天然山泉水。本实训将设计"金时矿泉水"包装，使包装在体现矿泉水的纯净、自然的同时，与市面上的同类产品形成差异，且兼具简洁与时尚的风格。

2. 实训要求

具体要求和参考效果如下。

● 色彩。纯净、自然的矿泉水是有生命的，为了与市面上大量以白色、蓝色为主色的矿泉水包装形成差异，选择纯度较高的黄色为主色。黄色活泼、热烈，有生命力，能给人愉快、充满希望的感觉，且识别度也很高。

● 图形。该产品属于山泉水，在图形的设计上，可以用线条状的山作为设计点，将矿泉水的"纯净、自然"体现出来，且线条还具有简洁性，能凸显包装整体风格。

● 文字。为了将矿泉水的具体内容体现出来，还需要输入产品介绍文字，便于用户了解产品信息。

● 版式。为了将主要内容体现出来，包装可采用左中右的结构，中间区域为视觉中心，以美观的图形吸引用户的眼球，左右两侧展示基础信息，便于用户深入了解产品信息。

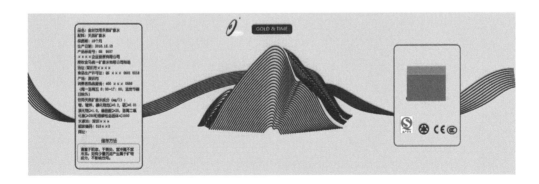

3. 操作步骤

下面设计"金时矿泉水"包装，包装平面图在Illustrator中完成，包装立体效果在Photoshop中完成。

（1）设计"金时矿泉水"包装平面图

①启动Illustrator CC 2020，新建大小为"610像素×200像素"的图像文件。

② 使用矩形工具绘制大小为"610像素×200像素"的矩形，并设置填充色为"#ffda2d"。

③ 打开"金时矿泉水素材.ai"素材文件（配套资源:\素材\项目4\金时矿泉水素材.ai），将素材拖曳到图像中，并调整素材的大小和位置。

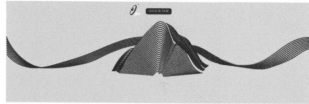

④ 使用圆角矩形工具绘制两个圆角矩形。

⑤ 使用横排文字工具，在圆角矩形中输入文字，并为"储存方法"下的文字添加圆角矩形边框。

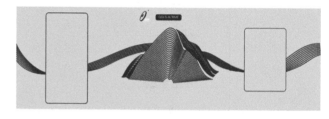

⑥ 添加条形码和认证图标，然后保存图像（配套资源:\效果\项目4\"金时矿泉水"包装.ai、"金时矿泉水"包装.png）。

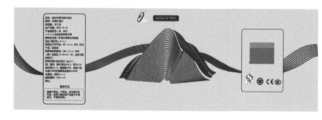

（2）制作包装立体效果

① 在Photoshop中打开"矿泉水瓶样机.psd"素材文件（配套资源:\素材\项目4\矿泉水瓶样机.psd）。

② 双击左侧矿泉水瓶对应的"双击替换"图层，在打开的编辑界面中，截取矿泉水外包装中的重要区域，然后将其移动到编辑界面中，调整大小和位置，并保存图像，完成外包装的应用。

③ 使用相同的方法，为另一个矿泉水瓶应用外包装，并调整色彩的亮度/对比度，完成矿泉水包装的设计（配套资源:\效果\项目4\矿泉水瓶效果.psd）。

4.8 ｜ 课后练习

本练习将设计"MOY"酒瓶包装，要求整个外包装以产品Logo作为唯一设计点，即仅展现产品Logo。完成外包装设计后制作包装立体效果（配套资源:\效果\项目4\酒瓶包装.psd、酒瓶包装立体效果.psd）。

4.9｜知识拓展——容器造型设计的基本要求

容器造型设计主要有以下3个方面的要求。

● 功能性要求。功能决定形式，功能性是容器造型设计的基本要求。功能性要求通常分为物理性、生理性、心理性、社会性4个方面。物理性指容器的性能、构造、耐久性等，生理性指容器使用的方便性和操作的安全性等，心理性指满足用户的爱好或对于装饰的要求，社会性指由于地域或习俗等原因对于容器造型的要求。

● 美感要求。在满足功能性要求的基础上，容器造型设计还应将材料质感与加工工艺的美感充分体现出来。

● 生产技术要求。设计师必须了解包装容器制作的工艺流程和特点，使容器造型设计能满足生产技术方面的需求。

项目5 食品包装设计——设计 "云酥霞卷"糕点食品包装

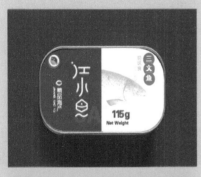

食品包装主要起保护食品、促进食品销售、提高食品市场竞争力的作用。本项目将以设计"云酥霞卷"糕点食品包装为例，先介绍食品包装的定义及分类、食品包装的设计原则及要点，再对糕点食品包装的具体设计方法进行介绍。

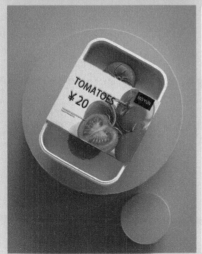

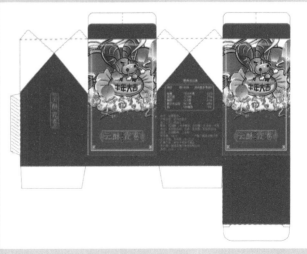

扩展图库

案例赏析

5.1 | 项目目标

知识目标	1. 掌握食品包装分类 2. 掌握食品包装设计原则 3. 掌握食品包装设计要点
技能目标	1. 掌握糕点和海鲜加工零食的包装设计方法 2. 能够结合不同食品的品类进行包装设计
素质目标	1. 培养设计食品包装的能力 2. 能够鉴赏食品包装设计作品
实训目标	
实训项目	1. 设计"云酥霞卷"糕点食品包装 2. 设计"江小鱼"食品包装
实训总结	1. 食品包装设计需要根据设计目的来进行，完成后的效果需要符合食品的定位和用户需求 2. 能引发情感共鸣的食品包装更能吸引用户，起到宣传推广的作用

5.2 | 项目描述

5.2.1 项目背景

"云酥霞卷"是一家专做传统糕点的企业，其主打产品——凤梨酥具有脆而不碎、油而不腻、香酥可口的特点，深受广大用户的喜爱。为了提升市场影响力，提高销售业绩，"云酥霞卷"委托设计师设计一款新年专用的凤梨酥包装，要求效果美观，将传统与现代风格结合，达到提升品牌形象的目的。

5.2.2 项目要求

根据项目背景的描述，本项目在制作时主要有以下要求。

● 包装主题。为糕点设计新年专用包装。

● 包装目的。提升品牌形象，提高销售业绩。

● 包装形式。包装材料是牛皮纸，包装形式是外包装，要求以变形式纸盒结构进行展现。

● 包装风格。主色采用品牌颜色——深蓝色，图形以彩带、祥云等传统装饰图案和牛年生肖图案为主，体现新年的气氛。整体绘制风格以彩画为主，结合现代绘画方式体现时尚感，增加美观度。

5.3 | 知识准备

5.3.1 食品包装的分类

食品包装是食品的重要组成部分，具有保护食品不受外来生物、化学和物理因素的破坏，维持食品质量稳定的特点。根据食品包装材料的差异，食品包装可以分为传统食品包装和新型食品包装。传统食品包装分为塑料包装、纸包装、玻璃包装、金属包装、陶瓷包装等，其具体内容已在项目1中进行了介绍。而新型食品包装可以分为无菌食品包装、绿色食品包装、功能食品包装、方便化食品包装等。

扩展知识

产品包装之一般食品标签标识禁止性规定

● 无菌食品包装。无菌食品包装是指将经过杀菌的产品，在无菌环境下添加到已杀菌的容器中，添加产品后的容器需保持密封以防止再度感染，以期在不加防腐剂、不经冷藏的情况下得到较长产品保存期限的食品包装方法，常用于牛奶、酸奶、果汁等食品的包装。

● 绿色食品包装。绿色食品包装是指对生态环境无污染、对人体健康无害、能循环和再生利用的食品包装，如可降解材料食品包装、可食性材料食品包装。

● 功能食品包装。功能食品包装指功能独特、品种多样的食品包装。如新加坡生产的一种保鲜包装纸，该纸含抑菌、杀菌剂，可用于糕点包装。

● 方便化食品包装。方便化食品包装即开启、封合都较方便的食品包装。如自热小火锅、蛋糕分装袋等。

5.3.2　食品包装的设计原则

优秀的食品包装设计需要遵循以下三大原则。

● 食品包装应符合食品自身的属性和特点。设计师只有了解食品的不同性质、尺寸、结构、重量等，才能设计出与食品匹配的包装，更好地达到保护食品的目的。

● 在食品包装设计的生产、材料选择、工艺选用过程中，设计师要时刻考虑运输、存储、携带的便利性，并尽可能地降低成本。同时也要考虑这些过程的统一、协调，便于包装的设计。

淮南牛肉汤包装

● 食品包装的立体造型与各平面的处理，必须与食品的功能、材料相结合。包装形式必须适应食品，且还要注意包装形式变化与所选用材料的相容性。

淮南牛肉汤包装（续）
该食品包装以碗为形状，便于食用和盛装食品。在包装的材料上选用食品级白纸板，该材料属于可回收材料，具有成本低廉、环保等优点。在图案的设计上，以牛肉汤实物图作为包装图案，可达到吸引用户购买的目的。

5.3.3 食品包装的设计要点

设计师可从食品包装图形、色彩、文字等方面发掘设计点，进行食品包装设计。

1. 食品包装图形

食品包装设计注重体现产品的口感，以引起用户食欲，从而提升用户购买的欲望。因此，食品包装图形要直观、生动地展现食品，便于用户选择。

坚果包装
该包装以坚果本身的形象作为主体形象，加上说明性文字，便于用户了解产品。

2. 食品包装色彩

色彩能直接影响食品包装设计的质感和风格，并美化和突出包装。设计师在进行食品包装设计时，应尽量使用鲜明丰富的色调，如使用红色、黄色、橙色等颜色强调食品的味道，突出食品的新鲜、美味和营养；使用蓝色、白色突出食品的卫生、干净；使用透明色表现食品的纯净；使用绿色表现食品（如果蔬）的新鲜、无污染；使用沉着古朴的色调强调传统食品工艺的历史感。

荷尔檬包装
该包装巧妙地将柠檬卡在盒子里，且用材极简，易于成型，表现了品牌特立独行的特点。包装图形采用了潮酷的绅士形象，主色选取了明快的柠檬黄，表现出荷尔檬青春且富有活力的品牌形象。

果汁包装
该系列包装以红色、黄色、绿色为主色，这些颜色强调了果汁的味道，能够突出果汁的新鲜、美味和营养。

3. 食品包装文字

文字既可以说明食品的相关信息，又能美化包装。在食品包装中，文字应简洁生动、易读易记，且要考虑不同年龄段的消费群体对食品包装的识读需求。例如设计儿童食品包装时就应考虑儿童心理，文字应尽量少且醒目，字体应尽量活泼、新颖，以吸引儿童的视线。

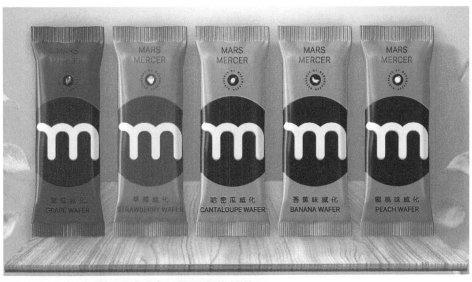

威化包装
该包装以文字"m"作为视觉点和设计点，简洁直观、易读易记。

此外，食品包装文字还必须包括产品的说明文字，这些文字的字体、颜色、大小要统一，且疏密程度要适中，方便用户查看。

红豆饮品包装
该包装直接将文字"红豆"放大显示，体现产品的原材料，然后在文字"红豆"的下方加上"粗粮"二字，吸引热爱健康的用户购买。

5.4 | 项目设计思路

5.4.1 包装结构

　　糕点食品的包装应具备防潮、防高温、防阳光直射、印刷适性良好、加工性能良好、成本低廉、重量较轻、便于运输等特点，而纸盒具有隔湿、透气、卫生、环保等优点，能够满足糕点包装的需求，因此本项目选择纸盒作为"云酥霞卷"糕点食品的包装材料。在包装结构上，考虑到便携性、稳定性与美观度，该包装采用变形式结构，将食品嵌入包装盒中，然后通过黏合封口保证包装盒结构的稳定。

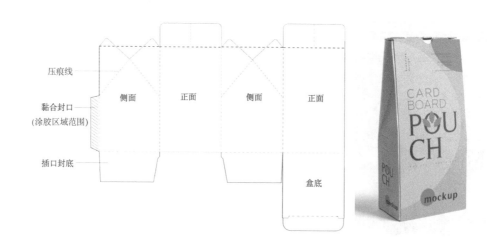

包装结构效果

整个包装主要由侧面、正面、盒底、插口封底等板块组成，其中的压痕线主要用于表示需要压褶的位置，而黏合封口则是涂胶区域，用于巩固整个包装结构。

5.4.2 图形构思

　　本项目的"云酥霞卷"糕点食品包装主要针对新年进行设计，因此在图形的构思上需要体现新年气氛。又由于糕点属于传统糕点，因此在设计上还需要体现传统元素。在图案的设计上，为了契合新年主题，采用牛的生肖图案作为设计点，融合牛、灯笼、孔明灯等元素，体现新年喜庆的气氛。在纹理上，以祥云图案为主，以体现传统元素。

5.4.3 色彩构思

在颜色上，为了增加与品牌的联系，以深蓝色为主色，使该包装与此品牌其他产品包装的色调保持统一。在辅助色和点缀色上，则以红色、黄色、蓝色、橙色等带有喜气的颜色为主，以烘托新年气氛。

5.4.4 文字构思

"云酥霞卷"糕点食品的包装文字主要分为两个部分。

● 品牌文字。品牌文字要能直接展现品牌名称，主要分为竖排品牌文字和横排品牌文字。竖排品牌文字常用于外包装的侧面区域，起到美化侧面和宣传品牌的作用，横排品牌文字则在包装正面展现。在设计上，两种品牌文字都采用云纹加文字的形式，不但简洁，而且具有古朴感。

● 产品说明文字。产品说明文字主要是对产品的营养成分、名称、类型、加工工艺、配料等进行说明，用于展现产品的详细信息，其字体、颜色、大小要统一。

5.5 | 项目实施

扫一扫

操作视频

5.5.1 设计"云酥霞卷"糕点Logo

下面先设计"云酥霞卷"糕点Logo，具体操作如下。

① 在Photoshop CC 2020中新建大小为"595像素×842像素"的图像文件。

② 打开"Logo素材.psd"图像文件（配套资源:\素材\项目5\Logo素材.psd），将云纹图案拖曳到图像中，调整其大小和位置。

③ 分别使用直排文字工具和横排文字工具输入文字，设置字体为"方正宋刻本秀楷简体"，并调整字体颜色。

④ 使用椭圆工具，在"中式糕点"文字下层绘制椭圆形边框，完成纵向Logo的制作。

⑤ 使用相同的方法，绘制横向Logo，效果如右图所示（配套资源:\效果\项目5\"云酥霞卷"糕点Logo.psd）。

扫一扫

操作视频

5.5.2 设计"云酥霞卷"糕点包装正面

下面以新年为主题设计"云酥霞卷"糕点包装的正面，在其中体现一些新年元素，使其具备美观性，具体操作如下。

① 在Photoshop CC 2020中新建大小为"228像素×375像素"的图像文件。

② 新建图层，设置填充色为"#163d96"。

③ 打开"正面素材.psd"图像文件，将牛、祥云、中式云纹等拖曳到图像中，并调整大小和位置。

④ 打开5.5.1小节制作的Logo图像文件，将横排Logo添加到图像下方，并调整大小和位置。

⑤ 完成后将图像保存为"PNG"格式（配套资源:\效果\项目5\"云酥霞卷"糕点包装正面.png）。

5.5.3 制作"云酥霞卷"糕点外包装

下面使用Illustrator CC 2020制作"云酥霞卷"糕点外包装。在制作时先绘制外包装轮廓，然后绘制褶皱线，并应用包装正面和Logo图像，具体操作如下。

扫一扫

操作视频

① 新建大小为"1920像素×1080像素"的图像文件。

② 使用钢笔工具，在图像的中间绘制外包装路径，并设置描边为"0.5 pt"。

③ 使用相同的方法，再次

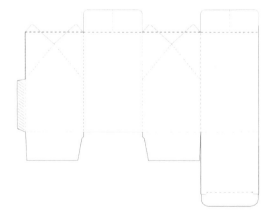

使用钢笔工具，在外包装路径的中
间绘制虚线，便于明确包装的压痕
线，方便后期打版。

④ 使用钢笔工具、圆角矩形
工具、矩形工具沿着虚线绘制背景
板块，设置填充色为"#093980"。

⑤ 打开"'云酥霞卷'糕点

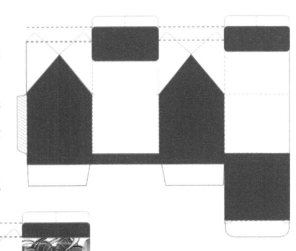

包装正面 .png"和"'云酥霞
卷'糕点 Logo.psd"图像文
件，将其中的图像依次拖曳
到外包装图像中，并调整大
小和位置。

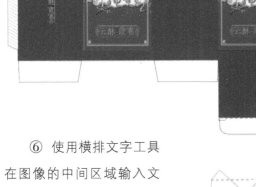

⑥ 使用横排文字工具
在图像的中间区域输入文
字，然后使用圆角矩形工具为
营养成分表添加圆角矩形，
并设置圆角半径为"12px"。

⑦ 完成后保存图像，
并查看完成后的效果（配套
资源:\效果\项目 5\"云酥
霞卷"糕点外包装 .ai）。

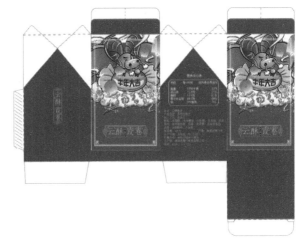

5.6 | 项目总结

本项目介绍了设计与制作"云酥霞卷"糕点食品包装的具体方法，下面对其制作要点进行总结和归纳。

① 糕点食品包装设计需要将包装的结构体现出来，整个包装采用变形式结构，不但美观而且便于拆分。

② 图形是否与主题相符，是决定食品包装设计能否成功的关键。本项目为了迎合新年气氛，以生肖牛作为设计点，并将新年常见的灯笼、孔明灯等元素添加到图形中。

③ 包装的文字要尽量简洁、明确，突出主要内容，以增强包装的易读性和记忆度。本项目的包装文字只有品牌文字和产品说明文字，没有多余内容，显得简洁直观。

④ 食品包装的版面设计要合理有序，可通过合理的图文搭配来形成强烈的视觉吸引力。本项目在包装正面区域展现了主体内容，在包装侧面区域展现了品牌Logo和产品详细信息，版面结构合理，便于用户查看内容。

5.7 | 项目实训——设计"江小鱼"食品包装

1. 实训背景

"江小鱼"是一个来自广东的海鲜食品品牌，致力于出售精品海鲜。现需要对其三文鱼盒装零食进行包装设计，在设计中需要制作三文鱼背景，并将企业名称、产品含量、品牌标语体现出来。

2. 实训要求

本实训在设计中需要将三文鱼的整体外形体现出来，还需要标明企业名称和品牌标语，以提升企业的知名度，参考效果如右图所示，具体要求如下。

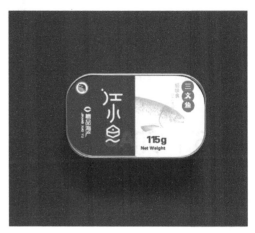

● 色彩。大海的颜色是蓝色，所以采用蓝色和白色作为海鲜包装的主色，可以体现海产品的特色。

● 图形。作为三文鱼包装，为了让图形与产品更加契合，可采用三文鱼图形作为主要图形，便于用户快速识别产品。

● 版式。为了便于用户查看产品信息，设计师可采用左右布局的方式，左侧放置企业名称与品牌标语，右侧放置三文鱼图形及其简单介绍，效果简洁大方。

3. 操作步骤

下面设计"江小鱼"食品包装。该设计主要分为两个部分，第一部分主要是设计"江小鱼"食品包装盒盖，第二部分是制作包装立体效果。

扫一扫

操作视频

（1）设计"江小鱼"食品包装盒盖

① 启动Photoshop CC 2020，新建大小为"502像素×282像素"的图像文件。

② 使用圆角矩形工具绘制大小为"309像素×181像素"的圆角矩形，并设置填充色为"#ffffff"，描边为"#000000，0.5像素"。

③ 复制圆角矩形并将图层栅格化，然后删除右侧的区域，并修改左侧区域的填充色为"#154a8c"。然后在左上方绘制填充色为"#b8333b"的圆角矩形，并调整位置。

④ 打开"三文鱼素材.psd"素材文件（配套资源:\素材\项目5\三文鱼素材.psd），将其中的素材拖曳到图像中，调整素材大小和位置，并设置三文鱼对应图层的填充为"30%"。

⑤ 使用椭圆工具，在右侧绘制3个大小相同的圆形，并设置填充色为"#e77740"，然后添加描边。

⑥ 使用直排文字工具，输入文字，并设置字体分别为"汉仪海韵体简""方正大黑简体""汉仪火柴体简"，调整字体

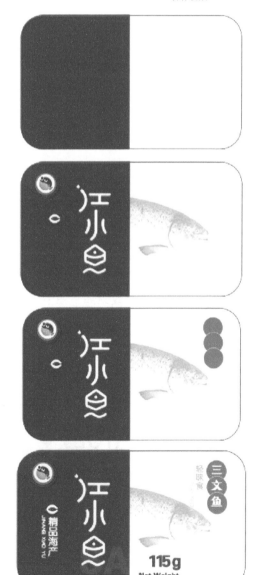

颜色和位置。

⑦ 保存图像（配套资源:\效果\项目5\"江小鱼"食品包装盒盖.psd）。

（2）制作包装立体效果

① 打开"鱼罐头样机.psd"素材文件（配套资源:\素材\项目5\鱼罐头样机.psd）。

② 双击"图层 2"图层，在打开的编辑界面中，移入完成后的盒盖图像，然后调整其大小和位置。

③ 完成后保存图像，即可查看完成后的效果（配套资源:\效果\项目5\"江小鱼"食品包装立体效果.psd）。

5.8 | 课后练习

本练习需要设计西红柿罐头包装，在包装中要体现西红柿效果、价格等，便于用户了解产品信息，参考效果如下图所示（配套资源:\素材\项目5\西红柿食品包装样机.psd、西红柿.psd。配套资源:\效果\项目5\西红柿包装.psd、西红柿包装立体效果.psd）。

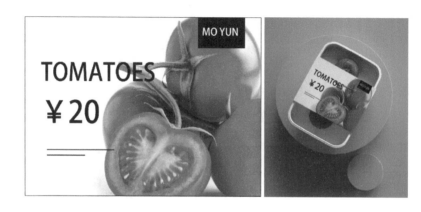

5.9 | 知识拓展——食品包装材料的基本要素

食品包装材料标准体系框架结构的基本要素包括安全、经济、环保和标准类型。

● 安全要素。影响食品包装安全的因素包括：食品包装中禁用的添加剂和辅助剂，如荧光增白剂；各种添加剂和加工辅助剂中的有毒有害物质；使用回收料、工业原料制作食品包装所引入的不明有害物质；油墨、黏合剂、涂料等辅助包装材料中的有害成分，如苯残留、重金属残留等；加工、储存、销售过程中卫生管控不严，造成污染，如微生物污染等。

● 经济要素。从经济实用性的角度考虑，应避免浪费。

● 环保要素。食品包装不仅要好看和实用，而且在包装选材上应考虑环保问题，不选择会污染环境的材料。

● 标准类型要素。在构建食品包装体系的过程中，应当以基础标准、安全限量标准、检验检测方法标准、控制管理技术标准、标签标识标准、产品标准等为框架进行设计与制作。

项目6　服饰包装设计——设计 "沫沫" 儿童服饰包装

服饰是人们生活中不可或缺的一部分，好的服饰包装不仅能盛装服饰，还能提升用户对服装企业的好感度。本项目将以设计 "沫沫" 儿童服饰包装为例，先讲解服饰包装设计的基础知识，然后讲解服饰包装的设计方法。

扩展图库

案例赏析

6.1 | 项目目标

知识目标	1. 掌握服饰包装的定义 2. 掌握服饰包装的设计原则 3. 掌握服饰包装的设计要点
技能目标	1. 能够熟练设计服饰包装的外包装和内包装 2. 能够熟练制作服饰包装的成品展示效果
素质目标	1. 培养设计服饰包装的能力 2. 增进对服饰包装的品牌文化和价值传递的认识

实训目标	
实训项目	1. 设计"沫沫"儿童服饰包装 2. 设计"墨韵"饰品包装
实训总结	1. "沫沫"儿童服饰的内包装和外包装的设计风格要相同,设计的图案 要与公司形象契合,设计风格要活泼、可爱 2. 具有趣味性的服饰包装更受儿童的喜爱

6.2 | 项目描述

6.2.1 项目背景

"沐沐"儿童服饰是一家专营0~12岁儿童服饰的公司，其设计理念为经典、舒适、自然、和谐、活泼，其公司形象为小黄鸭。为了提升市场影响力，提高销售业绩，"沐沐"儿童服饰将对包装进行更新。同时，公司要求继续沿用公司形象小黄鸭作为包装图形，该图形能给用户一种活泼、温暖、有趣的感觉，能起到提升品牌形象的作用。

6.2.2 项目要求

根据项目背景的描述，本项目在制作时主要有以下要求。

● 包装主题。以小黄鸭形象设计"沐沐"儿童服饰包装。

● 包装目的。提升品牌形象，提高销售业绩。

● 包装形式。儿童服饰包装分为外包装和内包装两个部分，内包装采用天地盖盒结构（天地盖盒指纸盒的盖为"天"，底为"地"），便于盛装儿童服饰。外包装是牛皮纸材料的手提袋，用于盛装内包装。

● 包装风格。采用公司形象小黄鸭作为设计点，整体风格要活泼、有趣。

6.3 | 知识准备

6.3.1 服饰包装的作用

服饰包装是指在服饰产品运输、储存、销售的过程中用于保护服饰产品外形、质量，以及为了便于识别、销售和使用服饰产品而定制的特定容器、材料及辅助物等。一款优秀的服饰包装需要具备保护、便利、宣传与引导、美化和促销等功能。

The Simpsons品牌服饰包装

该服饰以纸盒和纸袋为包装，可以保护产品不被损坏。在图案的设计上，以《辛普森一家》中的"玛吉"形象作为设计点，不但美观、具有识别性，而且能宣传企业品牌。

6.3.2 服饰包装的设计原则

优秀的服饰包装设计应遵循科学性、牢固性、适销性的原则。

● 科学性原则。科学性原则指服饰包装的文字要有科学性，内容不能过分夸大，应与实际产品相符。

● 牢固性原则。服饰包装应结实、稳妥，在装卸、运输、保管过程中不易松散。其使用的材料和包装结构应该根据所售产品决定，如大型服饰产品包装应该选择较大的纸盒或纸质手提袋，而小型服饰产品包装可选择透明的塑料袋或小型盒子。

● 适销性原则。服饰包装要与用户的消费习惯和消费心理相契合，以增强用户购买产品的欲望。

6.3.3 服饰包装的设计要点

服饰包装的设计要点主要体现在材质、色彩、文字与图形几个方面。

1. 服饰包装材质

材质的选择将直接影响服饰包装的外观效果和承重能力。在服饰包装中，较常用的材质有高分子材料、纸质材料、纺织品材料等。

● 高分子材料。高分子材料包括高密度聚乙烯（HDPE）、低密度聚乙烯（LDPE）、定向聚丙烯（OPP）、流延聚丙烯（CPP）、聚对苯二甲酸乙二酯（PET）、尼龙等，具有硬度和强度高、成型性好等特点，能反复使用，常用于服饰包装中手提袋、内包装的制作。

高分子材料包装

● 纸质材料。纸质材料是服饰包装中使用较多的材料，具有印刷工艺简单、可塑性强等特点，能够较好地与服装品牌的定位相匹配。常用纸质材料有牛皮纸、色卡纸、铜版纸、蜡纸、玻璃纸等。

纸质材料包装

● 纺织品材料。纺织品材料具有美观性强、价格昂贵等特点，常用于制作较高端的产品包装。常用的纺织品材料有棉、羊毛及多种特制纤维等。

根据不同材质的特点来看，中低端的服饰产品常选用高分子材料包装或纸质包装，其包装成本较低。中高档服饰包装为了更加贴合产品档次，常常采用特殊的工艺处理，以保证包装的质感，从而达到更好的展示效果。

2. 服饰包装色彩

服饰包装的色彩是产品形象较直观的一种反映，醒目的色彩可以促使用户对产品产生强烈的联想。整体上来说，服饰包装的色彩主要取决于品牌形象的定位和服饰的风格。在设计时应在凸显品牌Logo的同时体现品牌风格和个性。

此外，还可根据用户群体来选择服饰包装的色彩。例如男士服饰包装的色彩应贴合男性用户的喜好，以单一主色为主，用其他色彩进行点缀。而女士服饰包装的色彩则可选用柔和的色彩或者明度较高的颜色。

纺织品材料包装

男士服饰包装

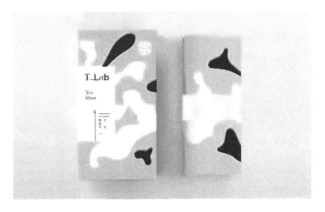

女士服饰包装

3. 服饰包装的文字与图形

文字能使用户认识品牌，而图形则能增加服饰包装的美观度。包装文字的字体、图形的造型应与品牌定位相契合，包装文字的字体应符合品牌风格，如运动类服饰包装应以简约的文字和图形表现动感和时尚感。女士服饰包装还可以选择花朵、条纹、字母、圆点等作为装饰元素。休闲类服饰、儿童服饰可选择卡通图案或者具有时尚感的图形，以较好地凸显品牌形象。

文字、图形作为服饰包装的装饰要素，其造型、色彩应具有独特的个性，注重品牌形象的表达，以增强用户对品牌的认知。为了更好地传达品牌理念，凸显品牌个性，常常会将代表品牌形象的图案或者风格独特的插画、涂鸦、彩绘图案展现在包装中。

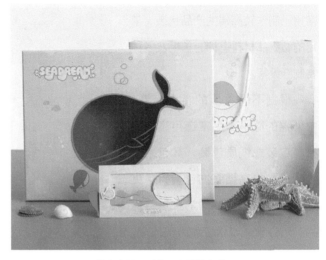

带有海豚图形的儿童服饰包装

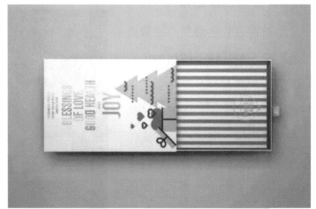

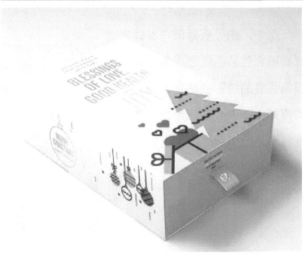

插画风格的服饰包装

6.4 | 项目设计思路

6.4.1 结构构思

"沫沫"儿童服饰包装由内包装和外包装两部分组成，各部分的结构构思如下。

● 内包装结构。由于儿童服饰较小，为了避免在运输过程中污染服装，需要使用内包装承装产品。纸盒具有美观、环保等特点，而天地盖盒是纸盒的常用结构，常用于精装礼品、鞋靴、内衣、衬衫等物品的包装，用于包装儿童服饰也是非常合适的。因此，本项目的内包装采用天地盖盒结构，具体尺寸如下方左图所示。

● 外包装结构。由于天地盖盒不便于携带，因此还需要设计外包装，外包装可采用手提袋的形式，便于用户携带，其平面尺寸如下方右图所示。

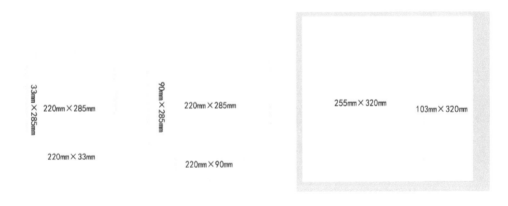

天地盖盒具体尺寸   手提袋平面尺寸

6.4.2 图形构思

为了达到提升品牌形象的目的，在构思图形时，将品牌形象小黄鸭作为设计点，放大小黄鸭并通过图形与文字的组合，使整个图形更具活泼感、趣味性。

6.4.3 色彩构思

为了契合品牌调性，使用小黄鸭的主色"黄色"为包装的主色，而黄色能给人温暖、活泼的感觉，更加符合儿童对色彩的喜好。包装的辅助色为灰色，在包装中添加灰色，可使包装更具层次感和美观性。

#fbda00	#6f7678	#666666	#f1a64d
主色	辅助色	点缀色	点缀色

6.4.4 文字构思

　　儿童服饰的包装文字一般较为简单，只需要简单罗列品牌名称，以凸显品牌即可。因此在设计时，设计师可通过文字与图形的简单组合来提升设计感，这样包装风格会显得更加简洁、大方。

6.5 | 项目实施

6.5.1 制作"沫沫"儿童服饰内包装

　　下面先设计与制作"沫沫"儿童服饰内包装，具体操作如下。

扫一扫

操作视频

　　① 在Illustrator CC 2020中新建大小为"1100毫米×700毫米"的图像文件。

　　② 使用矩形工具绘制5个矩形，具体尺寸如右图所示，并设置填充色为"#6f7678""#ffffff"。

　　③ 使用钢笔工具绘制折边部分。

　　④ 使用钢笔工具绘制小黄鸭形状，设置填充色为"#fbda00"。

　　⑤ 使用钢笔工具

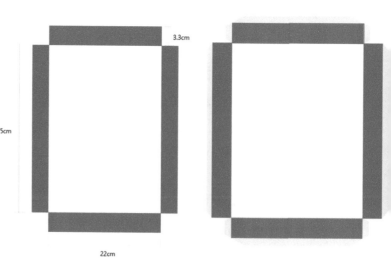

3.3cm

28.5cm

22cm

绘制小黄鸭的头部，并分别设置填充色为
"#f1a64d""#000000""#ffffff"。

⑥ 分别使用直排文字工具和横排文
字工具输入文字，并设置字体为"华康娃
娃体W5(P)""方正兰亭特黑_GBK"，然后
调整颜色，并在"童装系列"文字下层绘
制矩形，完成顶盖的制作。

⑦ 使用相同的方法，制作底盒部分。
可先绘制轮廓，然后将绘制的小黄鸭添加
到图像中，并输入文字，设置字体与颜
色，完成后保存图像（配套资源:\效果\项
目6\"沫沫"儿童服饰内包装.ai）。

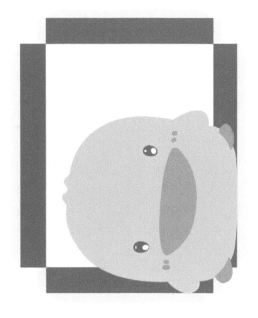

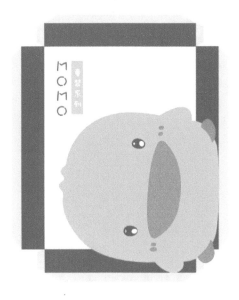

6.5.2 制作"沫沫"儿童服饰外包装

下面使用Illustrator CC 2020制作"沫沫"儿童服饰外包装，
该包装主要以纸袋的形式展现，具体操作如下。

① 新建大小为"1100毫米×700毫米"的图像文件，然后使用
矩形工具绘制矩形。

② 使用钢笔工具绘制小黄鸭背景图像，然后按住【Alt】键不放依次拖曳绘制

扫一扫

操作视频

的小黄鸭背景，复制背景，并进行简单排序。

③ 锁定白色背景，使用矩形工具在小黄鸭背景上绘制矩形，选中所有小黄鸭和最上层的矩形，单击鼠标右键，在弹出的快捷菜单中执行"建立剪切蒙版"命令，将小黄鸭置入矩形中。

④ 使用钢笔工具绘制小黄鸭形状，然后使用横排文字工具输入文字，并设置字体为"华康娃娃体W5(P)"。

⑤ 将内包装中左侧的图形拖曳到图像中，然后使用钢笔工具和椭圆工具绘制绳子，保存图像，完成外包装的制作（配套资源:\效果\项目6\"沫沫"儿童服饰外包装.ai）。

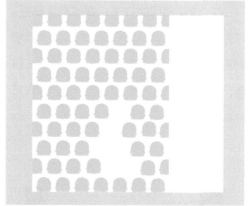

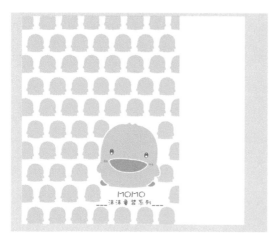

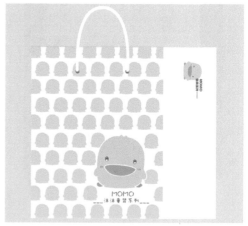

6.5.3 制作"沫沫"儿童服饰包装立体效果

下面使用Photoshop CC 2020将制作完成的内包装和外包装应用到样机中，制作"沫沫"儿童服饰包装立体效果，具体操作如下。

① 打开"沫沫儿童服饰包装样机.psd"素材文件（配套资源:\素材\项目6\"沫沫"儿童服饰包装样机.psd）。

扫一扫

操作视频

② 双击需要替换的图层，打开编辑界面，在Photoshop CC 2020中依次打开"'沫沫'儿童服饰内包装.ai""'沫沫'儿童服饰外包装.ai"图像文件，使用矩形选框工具框选要展现的图像，并将其移动到需替换的图像中，调整大小和位置。

③ 依次为其他图层添加图像效果，然后调整曝光度、亮度/对比度、色阶，使整体效果更加美观，保存图像（配套资源:\效果\项目6\"沫沫"儿童服饰包装立体效果.psd）。

6.6 | 项目总结

本项目介绍了设计"沫沫"儿童服饰包装的具体方法，下面对此设计中的品牌形象运用和包装的结构进行总结。

① 品牌形象决定了"沫沫"儿童服饰包装的设计方向。好的品牌形象不但能提升企业的辨识度，还能作为包装的设计点。本项目以小黄鸭为设计点，增加了包装的趣味性，更加符合儿童服饰定位。

② 包装的结构主要根据产品的需求来确定。在本项目中，为了避免损坏和污染产品，设计了内包装来盛装产品，设计了外包装便于用户携带。在版式上，整个包装的中心区域展示了主体内容，搭配了少量文字，版面结构合理、美观。

6.7 | 项目实训——设计"墨韵"服饰包装

1. 实训背景

"墨韵"服饰是一家古风服饰店铺，现要求设计一款契合古风主题的服饰包装，展现品牌形象。"墨韵"初步决定设计一款包装盒，该包装盒是纯白色的，不需过多设计，但盒体上需要附着一张宣传品牌信息的折叠卡片，卡片需要融入荷叶、鲤鱼等能体现品牌形象的元素，且整体风格要清新自然。

2. 实训要求

本实训的具体要求如下。

● 图形。为了体现产品的古韵，在进行图形设计时，可以添加鲤鱼、荷叶等相关素材，让包装变得生动，契合品牌形象。

● 色彩。为了体现清新淡雅的风格，在背景的色彩上，可选择豆绿色为主色；为了使主要图形的颜色上与背景颜色相匹配，可以将水波设计为浅蓝色，荷叶设计为蓝绿色，鲤鱼设计为红色，使整体效果淡雅美观，充满古色古香。

● 文字。文字主要用于展现店铺名称，在进行包装设计时，可以将文字字体与主体物效果相匹配，并在主体物下方添加店铺名称，加深用户对店铺的印象。

3. 操作步骤

下面设计"墨韵"服饰包装，包括服饰外包装平面图和外包装成品展示效果。

（1）设计服饰外包装平面图

① 启动 Photoshop CC 2020，新建大小为"1000 像素 × 1000 像素"的图像文件。

② 使用椭圆工具绘制大小为"629像素×629像素"的圆形，并设置渐变颜色为"#c4e6ed"～"#e8f2f7"。

③ 使用椭圆工具，在圆形中绘制圆圈，并对中间区域添加图层蒙版，使其形成水波效果。

④ 使用钢笔工具绘制荷叶形状，然后填充渐变颜色，分别为"#84b7c7""#5497af""#76beca""#5196af"。使用相同的方法绘制荷叶秆。

⑤ 使用直线工具在荷叶形状上绘制直线作为纹理，然后执行"液化"命令进行纹理的调整，并在中心位置绘制椭圆。

⑥ 使用相同的方法绘制其他荷叶形状。

⑦ 选择钢笔工具绘制鲤鱼形状，并设置渐变颜色为"#d73a3c""#fedbdc"。

⑧ 使用钢笔工具绘制鲤鱼花斑、鱼鳞、鱼鳍等部分，将各个部分进行组合，并设置图层混合模式为"穿透"。

⑨ 使用矩形工具绘制矩形，并使用横排文字工具在矩形中输入文字。

⑩ 隐藏背景颜色，并对图像进行盖印，便于后期使用，保存图像（配套资源:\效果\项目6\"墨韵"服饰包装.psd）。

（2）制作包装成品展示效果

① 打开"墨韵服饰包装样机.psd"素材文件（配套资源:\素材\项目6\墨韵服饰包装样机.psd），双击卡片对应的图层，在打开的界面中新建图层，并填充背景颜色。

② 使用矩形工具在新建图层上绘制矩形，并设置填充色为"#cedcd7"，将之前设计的服饰包装拖曳到矩形的左侧区域，并进行旋转。

③ 使用圆角矩形工具绘制圆角矩形，并在圆角矩形中输入文字，然后保存图像，并查看最终效果（配套资源:\效果\项目6\"墨韵"服饰包装立体效果.psd）。

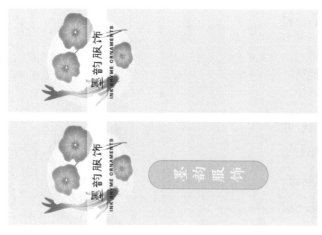

6.8 | 课后练习

本练习将设计"星际童装"包装，在设计时可使用太空图样作为设计点，通过卡通效果展现童装风格，参考效果如下图所示（配套资源:\素材\项目6\服饰包装样机.psd。配套资源:\效果\项目6\"星际童装"包装.psd、"星际童装"包装立体效果.psd）。

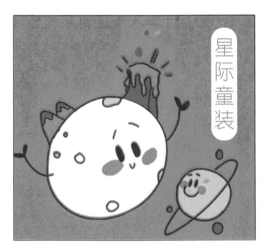

6.9 | 知识拓展——服饰外包装袋的类型

服饰外包装袋主要有以下几种类型。

● 内层包装袋。内层包装袋的主要作用是保证服饰运输和清点方便，是服饰贮存、运输的保障。这类包装袋在材料上多采用氯化聚丙烯（CPP）或定向聚丙烯（OPP）。

● 外层包装袋。外层包装袋一般采用瓦楞纸箱、木箱、塑料编织袋3种包装，便于运输、贮存，同时要采取相应的防潮措施。这类包装袋一般印刷简单，只需展示服饰的基础信息。

● 终端包装袋。终端包装袋即服饰购物袋，主要用于展示品牌和便于顾客携带。这类包装印刷精美、多样，是企业视觉识别（VI）的重要组成部分。

项目7　日用品包装设计——设计"米尔"儿童蚊香液包装

日用品是人们日常生活中使用的物品，如厨房用品、生活用品、护肤用品等。不同日用品包装的需求不同，设计的方法也不相同。本项目将以设计"米尔"儿童蚊香液包装为例，先介绍日用品包装设计的基础知识，然后介绍具体的设计方法。

扩展图库

案例赏析

7.1 | 项目目标

知识目标	1. 掌握日用品包装的设计要点 2. 掌握日用品包装的设计技巧
技能目标	1. 能够熟练设计蚊香液包装 2. 能够设计其他日用品包装
素质目标	1. 培养设计日用品包装的能力 2. 提升对日用品包装功能与价值的认识

实训目标	
实训项目	1. 设计"米尔"儿童蚊香液包装 2. 设计"安安"酱油包装
实训总结	1. 在进行日用品包装设计时，要体现出产品的功能 2. 日用品的功能定位是包装设计的前提，需要深入了解

7.2 | 项目描述

7.2.1 项目背景

"米尔"集团是一家专营日用品的企业，现要上市一款目标用户为儿童的电热蚊香液，以拓展儿童日用品市场。"米尔"集团的这款儿童电热蚊香液采用与市场上的其他电热蚊香液产品类似的包装，即电热蚊香液瓶体为圆柱体，一盒有3瓶蚊香液。此外，经过调查，"米尔"集团发现温和无味、无烟无灰、全家适用的蚊香液更加受用户喜爱，应在包装中体现出这些产品特点。同时，该款儿童电热蚊香液的包装设计还应考虑儿童的需求，体现出童趣。

7.2.2 项目要求

根据项目背景的描述，本项目在制作时主要有以下要求。

- 包装主题。体现"米尔儿童电热蚊香液"这一产品。
- 包装目的。拓展儿童日用品市场，进一步促进产品销售，提升品牌形象。
- 包装形式。在包装形式上采用管式纸盒结构。
- 包装风格。儿童日用品包装应满足儿童用户群体对包装的需求，整体风格要轻快、活泼，色彩要明快，图形要有趣。

7.3 | 知识准备

7.3.1 日用品包装的设计要点

日用品种类繁多，性能不同，对包装设计的要求也不同。无论是哪种类型的日用品包装设计，都应遵循适宜、可靠、美观、经济的原则，以促进日用品的销售。日用品包装设计主要需考虑产品形态、产品外观、产品强度、产品重量和产品风险等方面。

● 产品形态。日用品有固体、液体、气体、混合物等不同形态，设计师需要根据产品形态进行包装设计。如设计洗手液包装时可选择塑料作为包装材料，避免包装损坏。在图形上，可通过搓洗的双手将去污性体现出来，便于用户识别产品。

● 产品外观。日用品有方形、圆柱形、多边形、异形等不同形状，设计师应根据产品外观的特点进行包装设计。如陶瓷茶杯本身为圆柱形，其包装就多选择方形盒子。

● 产品强度。对于强度低、易损坏的日用品，应充分考虑包装的防护性能，包装上应有明显的标志。如玻璃杯的包装上就应注明"易碎物品"，提醒人们轻拿轻放。

● 产品重量。对于较重的日用品，应特别注意包装的强度，以确保流通中产品不被损坏。

● 产品风险。对于易燃、易爆、有毒等具有危险性的日用品，如啫喱水、指甲油等，为保证安全，包装上应有注意事项和特殊标志。

洗手液包装

该包装采用塑料作为包装材料，在包装设计上，将洗手方式、洗手液味道、除菌率、抑菌方式等展现出来，便于用户查看。

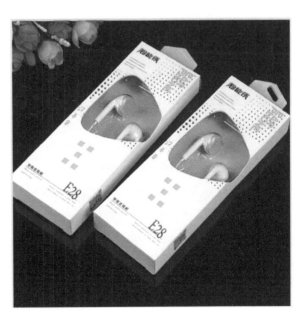

耳机包装

整个包装采用纸盒作为外包装，材质较轻，方便携带。包装中间区域使用透明塑料展现耳机，便于用户查看；包装顶部设计了悬挂功能，方便耳机的摆放与展示。

7.3.2 日用品包装的设计技巧

在进行日用品包装设计时，除了需要掌握基本的设计要点外，还需要掌握以下设计技巧。

- 突出产品特点。不同日用品的特点不同，优秀的日用品包装要将产品的特点展现出来，如去污、留香、防潮等，以促进产品销售。

- 了解用户群体。在设计日用品包装前，一定要了解日用品的用户群体，按照用户群体的需求进行设计，进而拉近产品与用户之间的距离，以提升用户对产品的好感度。

- 不要过于复杂。日用品包装不要过于复杂，要尽量以简洁的视觉效果展现更多的信息。

7.4 | 项目设计思路

7.4.1 包装结构

本项目的电热蚊香液的瓶体是圆柱体，且一盒有3瓶蚊香液，为了承装便利，可选择纸质材料作为包装材料。纸质材料具有轻便、便于印刷、美观等特点，可以满足产品的包装需求。为了让包装更加坚固，可采用管式纸盒结构，通过插入摇盖式的盒盖和互插式的锁扣让包装在具备美观性的同时增加牢固性。下图为包装的结构示意图。

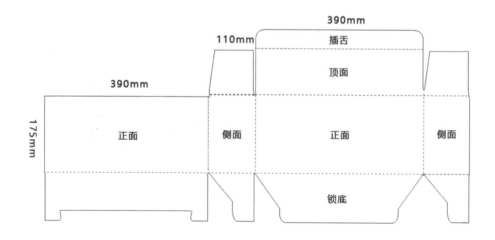

7.4.2 图形构思

该包装主要针对儿童，在设计时可以将童趣作为设计点，加入夜空、草地、熟睡的小孩等图形，给人一种宁静的感觉，使人联想到夏夜无蚊宁静安睡的场景，以体现电热蚊香液的强大功能。

7.4.3 色彩构思

夏日夜晚的天空是深蓝色的，草地是绿色的，在进行包装设计时，可以将深蓝色和绿色作为主色，以星星的黄色、树叶的绿色为点缀色，让整个背景显得宁静、安详、和谐与自然。此外，文字颜色主要以黑色和白色为主，这样更加便于识别。

7.4.4 文字构思

整个包装文字可分为品牌文字、广告文字和说明文字3个部分。

● 品牌文字。品牌文字用于介绍企业名称、电热蚊香液名称，方便用户快速了解品牌信息。

● 广告文字。广告文字用于展现产品的优点。

● 说明文字。说明文字用于说明产品名称、生产商、地址、传真等信息，其字体、颜色、大小要统一，便于用户查看。

7.5 | 项目实施

扫一扫

操作视频

7.5.1 设计"米尔"儿童蚊香液包装正面

下面先设计"米尔"儿童蚊香液包装正面，具体操作如下。

① 在Photoshop CC 2020中新建大小为"390毫米×175毫米"的图像文件。

② 将前景色设置为"#00406f"，填充前景色。

③ 新建图层，使用钢笔工具绘制草坪形状，然后添加渐变效果，并设置渐变颜色为"#90b926"～"#27823a"。

④ 使用相同的方法，绘制其他草坪。打开"儿童蚊香液素材.psd"素材文件（配套资源:\素材\项目7\儿童蚊香液素材.psd），将其中的人物、星星、树木等素材依次拖曳到图像中，并调整大小和位置。

⑤ 使用钢笔工具在左侧绘制星星图像，并设置填充色为"#f0d445"。

⑥ 使用横排文字工具输入文字，并分别设置字体为"方正粗倩_GBK""方正综艺简体""方正行楷简体"，完成后调整文字大小和位置，为"电热蚊香液"文字添加描边，并设置描边颜色为"#64b013"，大小为"8"。

⑦ 使用椭圆工具在文字下方绘制圆形，调整圆形颜色，然后在圆中输入文字，并添加五角星和蚊子图形，完成后保存图像（配套资源:\效果\项目7\"米尔"儿童蚊香液包装正面.psd）。

7.5.2 设计"米尔"儿童蚊香液包装侧面

下面设计"米尔"儿童蚊香液包装侧面，具体操作如下。

① 在 Photoshop CC 2020 中新建大小为"110毫米×175毫米"的图像文件，并设置填充色为"#fod445"。

② 选择横排文字工具，在图像的中间绘制文本框，并在其中输入文字。

③ 打开"儿童蚊香液素材.psd"素材文件，将二维码和条形码拖曳到图像中，调整大小和位置，并保存图像（配套资源:\效果\项目7\"米尔"儿童蚊香液包装侧面.psd）。

扫一扫

操作视频

7.5.3 设计"米尔"儿童蚊香液包装顶面

下面设计"米尔"儿童蚊香液包装顶面，具体操作如下。

① 在 Photoshop CC 2020 中新建大小为"390毫米×110毫米"的图像文件，并设置填充色为"#00406f"。

② 打开"儿童蚊香液素材.psd"素材文件，将蚊子和星星图形拖曳到图像中，并调整大小和位置。

③ 选择横排文字工具，在图像的中间输入文字，并为"电热蚊香液"文字添加描边，保存图像（配套资源:\效果\项目7\"米尔"儿童蚊香液包装顶面.psd）。

扫一扫

操作视频

7.5.4 设计"米尔"儿童蚊香液包装立体效果

下面设计"米尔"儿童蚊香液包装立体效果，具体操作如下。

① 在 Illustrator CC 2020 中新建大小为"1200毫米×700毫米"的图像文件。

扫一扫

操作视频

② 使用矩形工具和钢笔工具绘制儿童蚊香液包装平面图，并设置填充色分别为"#00406f""#f0d445"，便于用户区分和查看平面效果。

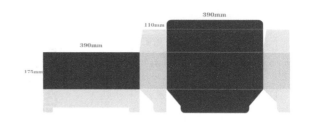

③ 打开制作的包装正面、包装侧面、包装顶面图像，然后依次将其拖曳到对应的区域，保存图像（配套资源:\效果\项目7\"米尔"儿童蚊香液包装平面图.ai）。

④ 打开"儿童蚊香液样机.psd"素材文件（配套资源:\素材\项目7\儿童蚊香液样机.psd），将制作的包装的各个面应用到样机中，保存图像并查看完成后的包装立体效果（配套资源:\效果\项目7\"米尔"儿童蚊香液包装立体效果.psd）。

7.6 | 项目总结

本项目介绍了设计"米尔"儿童蚊香液包装的具体方法，下面进行总结。

① 日用品包装主要根据产品来设计，不同的产品对包装的需求也不同。"米尔"儿童蚊香液包装主要针对儿童蚊香液而设计，选择纸质材料作为包装材料，在进行设计时，需要将包装的结构体现出来。

② 本项目将消费群体定位为儿童，在进行图形设计时，充分考虑了儿童的审美偏好，采用彩色插画的形式展现图形，使包装更加富有童趣。

③ 包装的色彩要与产品的定位相符。本项目中的色彩主要根据产品的使用环境来确定，选择了夜空、草地等的颜色，营造出宁静安逸的氛围，体现了产品的功能。

7.7 | 项目实训——设计"安安"酱油包装

1. 实训背景

"安安"是一个来自成都的酱油品牌，致力于提供高品质的酱油。现需要设计一款黄豆酱油包装，包装中需要体现出产品的高品质，以吸引用户购买。

2. 实训要求

本实训的具体要求和参考效果如下。

● 色彩。为了让产品与包装相联系，整个包装的主色可选择黄色。黄色是酱油原材料——黄豆的颜色，能给人天然、健康的感觉，更能提升用户的好感度。"绿色无污染"是酱油包装的主题，因此可以选择绿色为辅助色。除此之外，为了使包装具有辨识度，将白色、红色、黑色作为点缀色。

● 图形。酱油包装的原材料为黄豆，在进行包装的图形设计时，可直接以黄豆为设计点，体现产品原材料，便于用户识别。

● 文字。文字主要用于阐述产品内容，可将包装文字分为3个部分，左侧为用途和营养成分表，便于用户深入了解产品；中间为产品名称；右侧为产品介绍、条形码、二维码等内容。

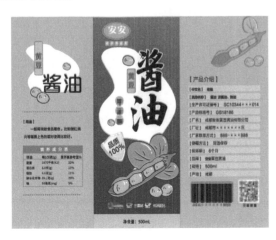

3. 操作步骤

下面分别设计"安安"酱油包装平面图及立体展示效果。

扫一扫

操作视频

（1）设计"安安"酱油包装平面图

① 启动Illustrator CC 2020，新建大小为"315毫米×190毫米"的图像文件。

② 使用矩形工具绘制大小为"190毫米×140毫米"的矩形，并设置填充色为"#dcbb7d"。

③ 在图像的中间再次使用矩形工具绘制大小为"64毫米×140毫米"的矩形，设置渐变颜色为"#004c23"~"#007d43"。然后在图形下方绘制颜色为"#f1c54a"的矩形。

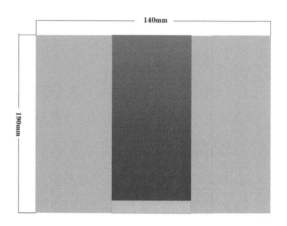

④ 使用钢笔工具、圆角矩形工具、直线工具在左侧区域绘制不同的形状，并设置填充色分别为"#ffffff""#f1c54a""#ad7f47""#231815"。

⑤ 使用文字工具在左侧区域输入文字，并设置字体分别为"方正兰亭中黑_GBK""方正品尚准黑简体""思源黑体 CN"。

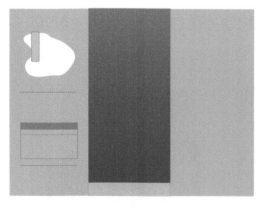

⑥ 打开"酱油包装素材.ai"素材文件（配套资源:\素材\项目7\酱油包装素材.ai），将其中的黄豆、文字等素材依次拖曳到图像中，调整大小和位置，并对右侧图像设置不透明度。

⑦ 使用钢笔工具、圆角矩形工具、椭圆工具、矩形工具绘制不同的形状，并设置填充色为"#1aa639""#f2cf65""#f1c54a"，使用文字工具在图像中输入文字。

⑧ 添加条形码和二维码，并保存图像（配套资源:\效果\项目7\"安安"酱油包装.ai）。

（2）制作包装立体效果

① 在 Photoshop CC 2020 中打开"酱油包装样机.psd"素材文件（配套资源:\效果\项目7\酱油包装样机.psd）。

② 双击"图层1"图层，将之前制作的包装应用到样机中，完成后保存图像（配套资源:\效果\项目7\酱油包装立体效果.psd）。

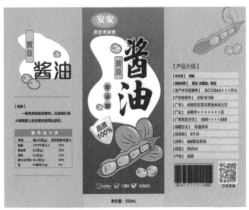

7.8 | 课后练习

本练习将制作一款洗衣液的瓶身包装，参考效果如下页图所示（配套资源:\素材\

项目7\洗衣液包装样机.psd。配套资源:\效果\项目7\洗衣液包装.psd、洗衣液包装立体效果.psd）。

7.9 | 知识拓展——设计日用品包装时应考虑的环境因素

在产品流通过程中，各种环境会对日用品包装产生影响。因此，在设计日用品包装时应充分考虑如下环境因素。

● 气象条件。气象条件主要有日照、温度、湿度、雨雪和空气等，对不同的产品有不同的影响，在设计包装时需要根据不同的气象条件加以考虑。如医用产品包装，在设计时为了避免被阳光直接照射产生化学反应，应选择避光性能好的材料作为包装材料。

● 装卸条件。应考虑手动或机械装卸及装卸时间等对日用品包装的影响，如使用手动装卸的日用品的包装应更耐磨损。

● 运输条件。在运输过程中，产品会受到冲击、震动等影响，因此，在设计包装时应考虑产品如何固定和缓冲。

● 储藏条件。储藏条件分为室内储藏和室外储藏。室内储藏的日用品，其包装在设计时应注意防潮、防霉、防水；室外储藏的日用品，其包装在设计时应注意防止雨、雪、阳光、风等对产品造成影响。

项目8　电子产品包装设计——设计"响乐"耳机包装

电子产品大多由精密的电子元器件组成，在搬运和存储过程中，潮湿、静电、挤压都有可能导致电子产品损坏。为了避免出现这些问题，为电子产品设计合适的包装就显得尤其重要。本项目以设计"响乐"耳机包装为例，介绍电子产品包装设计的相关知识和具体设计方法。

扩展图库

案例赏析

8.1 | 项目目标

知识目标	1. 掌握电子产品包装设计方式 2. 掌握电子产品包装材料
技能目标	1. 掌握耳机包装和手机包装的设计方法 2. 具备设计各种电子产品包装的能力
素质目标	1. 具有一定的电子产品包装设计策划能力 2. 提升对各类电子产品包装结构的分析能力
实训目标	
实训项目	1. 设计"响乐"耳机包装 2. 设计"金字"手机包装
实训总结	1. 简洁、美观的电子产品包装更符合市场需求，能够起到提升品牌形象的作用 2. 设计师要根据电子产品的大小来确定包装材料和包装结构

8.2 | 项目描述

8.2.1 项目背景

"响乐"是一家研发、生产、销售电子产品的公司,其主要产品包括手机、笔记本电脑、耳机、键盘等。在该公司的众多产品中,耳机的消费群体较大,且用户好评度较高。为了进一步提升品牌形象,向用户传达公司理念,该公司决定为一款销量较高的耳机设计全新包装。该款耳机具有音质好,安全性、舒适度高,防水和牢固等特点。该公司要求设计师在设计耳机包装时,能让用户通过包装就直观地了解耳机的外观和优点,且包装风格要简洁、大方。

8.2.2 项目要求

根据项目背景的描述,本项目的主要要求如下。

● 包装主题。制作便于用户识别的耳机包装。

● 包装目的。提升品牌形象、传达产品和公司信息。

● 包装形式。包装材料为纸质材料,包装结构为吊挂式结构,便于用户拿取。

● 包装风格与色彩。整体风格大方、简约,色彩以黑白色系为主。

8.3 | 知识准备

8.3.1 电子产品包装的设计方式

电子产品包装的设计需要根据产品的大小进行设计,不同大小的电子产品的包装设计方式均不相同。

● 大型电子产品包装。大型电子产品包括电视、台式电脑等。大型电子产品的体积和重量较大,包装通常以展示实物为主,所以大型电子产品的外包装较简单,主要

167

起保护产品的作用。大型电子产品的外包装材料大多为箱板纸，具有天然、制作工序少、成本低等特点。在进行包装设计时，也多以箱板纸本身材质的色彩为主色。大型电子产品的内包装材料通常为发泡塑料、气垫薄膜等，具有防撞、防挤压等特点。

● 中型电子产品包装。中型电子产品包括笔记本电脑、音响、键盘等。相对于大型电子产品，中型电子产品的体积和重量稍小，在外包装设计上通常以产品图形为主体，通过产品实物图片或产品轮廓线，让用户了解产品类型与外观等信息。中型电子产品包装设计一般较简洁，不会使用过于花哨的颜色。

● 小型电子产品包装。小型电子产品包括手机、平板电脑、耳机、鼠标等，多数属于高端电子产品或配件产品。小型电子产品的制作工艺更多样化，其内外包装较精致，在包装设计上也要求体现电子产品的高端、精密等特点。同时，设计小型电子产品包装时要展示出电子产品的外观和使用效果，使用宣传性和功能性的文字，让用户了解产品的卖点。

8.3.2　电子产品的包装材料

电子产品包装的内包装材料和外包装材料的功能有所不同，内包装材料主要起到防潮、防静电、耐冲击等作用，外包装材料主要起到保护产品的作用。

1. 内包装材料

电子产品常用的内包装材料主要有发泡塑料、气垫薄膜两种。

（1）发泡塑料

发泡塑料包括开孔泡沫塑料、闭孔泡沫塑料等，是通过大量气体微孔分散于固体塑料中而形成的一类高分子材料。发泡塑料具有以下3方面优点。

● 具有良好的成型性能，可根据产品的形状进行结构和外形的制作。

● 具有可压缩回弹性，能有效地缓冲电子产品在运输或售卖过程中受到的震动和冲击。

● 质量轻，材料用量少。

（2）气垫薄膜

气垫薄膜也称气泡薄膜，能够通过气泡内的空气来缓冲受到的冲击和震动，从而起

扩展知识

发泡塑料性能

到保护电子产品的作用。气垫薄膜除了具有防
压、防潮、防震的特点，还具有以下3方面优点。

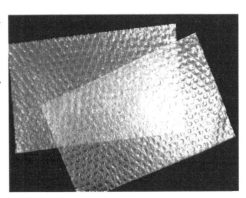

● 能被任意剪切，适用于不同形状的电
子产品。

● 成本低廉。

● 柔软、缓冲性能好。

2. 外包装材料

电子产品常用的外包装材料主要有纸浆
模塑、纸质材料、木材3种。

（1）纸浆模塑

纸浆模塑是以废纸为原料，根据被包装
物的形状制成的模塑制品。纸浆模塑材料具
有以下优点。

● 原料为废纸，包括板纸、废纸箱、废
白边纸等，来源广泛。

● 制作过程包括制浆、吸附成型、干燥
定型等工序，对环境无害。

● 可以回收再利用。

● 体积比发泡塑料小，可重叠，运输方便。

需要注意的是，纸浆模塑因厚度不足，只能用于较轻的电子产品
包装，不适用于大型电子产品包装。纸浆模塑还有一个优点就是环
保，原材料为回收的废纸等，符合可持续发展的理念。

扩展知识

电子产品包装的各
种工艺技术介绍

（2）纸质材料

纸质材料在电子产品外包装中的使用
也较为广泛，相关内容在项目1中已经介
绍过，这里就不再赘述。但由于电子产品
包装对防水性、防潮性有较高要求，因此
使用纸质材料时，需要在其表面涂一层物
质，增强纸张的抗腐蚀能力、抗划伤能力
和油墨印刷的附着力。例如在纸张的表面
做覆膜处理，以增强包装的防潮性。

（3）木材

木材常用于体积较大、较重、运输距离较远的精密电子设备的外包装。木材具有以下优点。

- 抗机械损伤能力强，承载水平较高。
- 强度高，缓冲性能好。
- 取材广泛，制作简单，易于回收。
- 属于生物材质，更加环保。

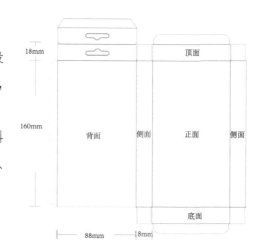

8.4 | 项目设计思路

8.4.1 包装结构

本项目的耳机包装属于小型包装，可设计为吊挂式结构。该结构的包装小巧、美观，拿取方便，能满足耳机用户的需求。

耳机包装材料可选择纸质材料，该材料具有加工性能良好、成本低廉、重量较轻、便于运输等特点。

8.4.2 色彩构思

在进行包装设计时，为了体现"响乐"耳机的简洁、美观、时尚，在色彩上，以简约大方的灰色为主色，以酷炫的黄色为点缀色，提升包装的时尚感。而文字颜色主要是黑色，便于用户查看。

8.4.3 文字构思

"响乐"耳机包装文字主要包括品牌文字和说明文字两个部分。

- 品牌文字。品牌文字用于介绍公司名称、耳机名称等内容，方便用户快速了解产品信息。

● 说明文字。说明文字用于说明产品特点、性能参数、公司地址等，各板块的文字字体、颜色、大小要统一。

8.5 | 项目实施

8.5.1 设计"响乐"耳机包装平面图

扫一扫

操作视频

下面先设计"响乐"耳机包装平面图，具体操作如下。

① 启动Illustrator CC 2020，新建大小"650毫米×330毫米"的图像文件，使用钢笔工具绘制整个包装的轮廓线，其各部分的参数如下图所示。为了便于查看，可将轮廓线颜色设置为"#e83b0c"。

② 使用钢笔工具、矩形工具沿着轮廓线绘制颜色为"#62615b"的图形，并在中间区域绘制颜色为"#ffffff"的矩形。完成后将绘制的轮廓线移动到绘制的形状的上方，便于查看板块内容。

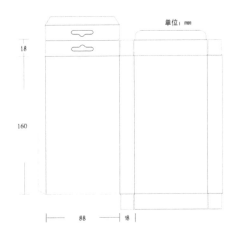

③ 打开"包装平面素材.ai"素材文件（配套资源:\素材\项目8\包装平面素材.ai），将其中的耳机素材依次拖曳到图像中，并调整大小和位置。

④ 使用矩形工具、直线工具、钢笔工具，绘制矩形、直线和带圆弧的形状，并分别设置颜色为"#000000""#ffe200""#f7f8f8。

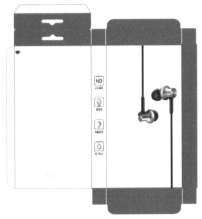

⑤ 使用文字工具输入文字，并设置字体分别为"方正兰亭中黑_GBK""方正康体_GBK""方正黑体_GBK""思源黑体CN"。

⑥ 将条形码添加到图像中，然后保存图像文件（配套资源:\效果\项目8\耳机包装.ai）。

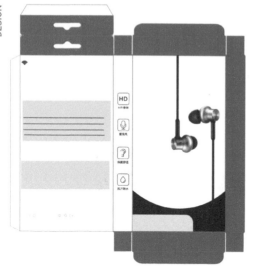
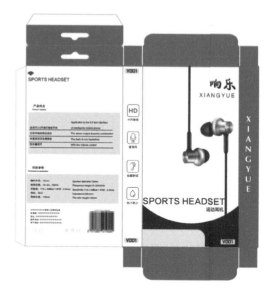

8.5.2 制作"响乐"耳机包装立体效果

下面制作"响乐"耳机包装立体效果，具体操作如下。

① 启动Photoshop CC 2020，打开"耳机包装样机.psd"素材文件（配套资源:\效果\项目8\耳机包装样机.psd）。

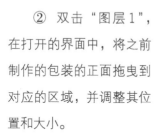
② 双击"图层1"，在打开的界面中，将之前制作的包装的正面拖曳到对应的区域，并调整其位置和大小。

③ 使用相同的方法将包装的其他面放置到相应的位置，完成后保存图像（配套资源:\效果\项目8\耳机包装立体效果.psd）。

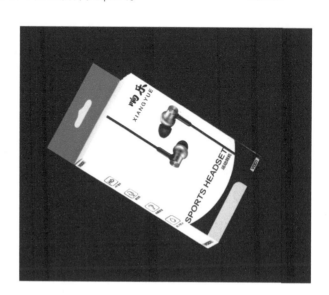

8.6 | 项目总结

本项目介绍了设计"响乐"耳机包装的具体方法，下面结合电子产品的包装设计要点进行进一步的总结与归纳。

① 不同大小的电子产品，其包装的设计需求是不同的。"响乐"耳机属于小型电子产品，包装的尺寸有限，设计时需要考虑产品的摆放位置，避免包装较小无法展示产品的情况。本项目采用吊挂式结构，便于将包装悬挂起来展示，拿取也十分方便。

② 图形是否能突出产品，是决定电子产品包装是否成功的关键。本项目直接将产品的实物效果以图片的方式展现在包装中，极具直观性。

③ 文字具有阐述产品信息、凸显卖点的作用。本项目将包装文字分为了品牌文字和说明文字两个部分，品牌文字简洁、直观，说明文字详细、具体，能加深用户对产品的了解程度。

8.7 | 项目实训——设计"金字"手机包装

1. 实训背景

"金字"是一个以"时尚、创新"为宗旨的手机品牌，现要推出一款适合年轻人使用的手机，需要对手机包装进行设计，要求设计的包装有时尚感、潮流感，符合年轻群体的审美。

2. 实训要求

本实训的具体要求和参考效果如下。

● 色彩。为了突出时尚感，包装以灰色为主色、以红色为辅助色，显得简约、有个性，符合年轻人的审美。

● 图形。在图形设计上，以不同大小的三角形和字母"Z"组成主要的视觉图形，简洁大方，有设计感。

● 文字。在包装的正面展示企业和产品名称，在包装的背面添加产品信息，便于用户了解产品。

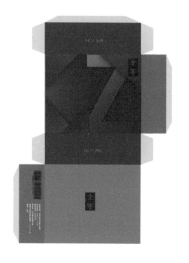

3. 操作步骤

下面设计"金字"手机包装。该设计主要分为两个部分，第一部分主要是设计"金字"手机包装平面图，第二部分是制作包装立体效果。

（1）设计"金字"手机包装平面图

① 启动 Photoshop CC 2020，新建大小为"122厘米×95厘米"的图像文件。

② 使用矩形工具和钢笔工具绘制包装的轮廓，具体参数如右图所示。完成后设置不同板块的颜色为"#3b3b3b""#cbc9c9""#606060""#7e7e7e"。

③ 新建图层，使用矩形选框工具在包装正面的上方绘制矩形，并设置渐变颜色为"#191919"～"#464646"。

④ 使用横排文字工具，在矩形的上方输入文字"Z"，调整字体、大小和位置。打开"图层样式"对话框，勾选"渐变叠加"复选框，设置渐变颜色为

扫一扫

操作视频

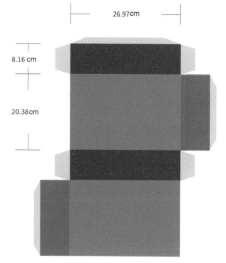

"#450106" ~ "#e90406"，勾选 "投影" 复选框，设置不透明度为 "66%"，设置距离、大小分别为 "18" "33"，单击 "确定" 按钮。

⑤ 新建图层，使用多边形套索工具在字母 "Z" 的右上角绘制三角形，并设置渐变颜色为 "#444445" ~ "#232223"。

⑥ 使用相同的方法绘制其他三角形并设置渐变颜色，完成后为三角形和字母 "Z" 依次添加图层蒙版。

⑦ 使用矩形工具在右上角绘制矩形，在矩形中输入文字 "金字"，并设置字体为 "方正古隶简体"。

⑧ 使用相同的方法输入其他文字，并设置字体、大小、位置和颜色，保存图像文件（配套资源:\效果\项目8\手机包装平面图.psd）。

（2）制作包装立体效果

① 打开 "手机包装样机.psd" 素材文件（配套资源:\素材\项目8\手机包装样机.psd）。

② 依次双击 "图层1" "图层2" "图层3" 图层，将之前制作的包装的各个面应用到样机中，完成后保存图像文件（配套资源:\效果\项目8\手机包装立体效果.psd）。

8.8 ｜ 课后练习

　　本练习为一款无线数码音乐播放器设计外包装，需要体现出该播放器的功能、使用方法、生产地址等内容，参考效果如下图所示（配套资源:\效果\项目8\音乐播放器包装.ai）。

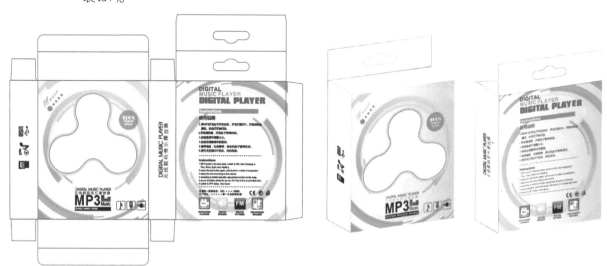

8.9 ｜ 知识拓展——电子产品包装应包含的文字信息

电子产品包装除了要体现品牌名称和宣传语外，还应包含以下文字信息。

● 产品生产日期、条形码、规格参数、批准文号、厂商、产品批号等。

● 产品质量检验合格证明。

● 中文标明的产品名称、生产厂家和厂址。

● 对于限期使用的产品，应当在显著位置清晰地标明生产日期和安全使用期或者失效日期。

● 警示标志或者中文警示说明（适用于使用不当容易造成产品本身损坏，或者可能危及人身、财产安全的电子产品）。

项目9　系列化包装设计——设计"夏麓"系列化包装

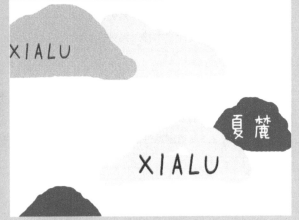

　　系列化包装以家族化的视觉效果出现在市场上，是较常见的包装形式。本项目将以"夏麓"系列为例，介绍系列化包装的相关知识和具体设计方法。

学习目标

① 掌握系列化包装的相关知识。

② 掌握系列化包装的设计方法。

9.1 | 项目目标

知识目标	1. 掌握系列化包装的含义与作用 2. 掌握系列化包装设计要点
技能目标	1. 掌握系列化包装中Logo、吊牌、杯贴、手挽袋和外包装的制作方法 2. 能够设计系列化包装
素质目标	1. 提升对系列化包装的认识与策划能力 2. 培养借助设计软件制作系列化包装的能力
实训目标	
实训项目	1. 设计"夏麓"系列化包装 2. 设计"木梓"系列化包装
实训总结	1. 把握好系列化包装整体风格的定位是十分重要的，风格定位会直接影响整个包装效果 2. 具有创意性的系列化包装更能吸引用户，起到宣传推广的作用

9.2 | 项目描述

9.2.1 项目背景

"夏麓"集团是一家护肤品企业，最近该企业要推出一系列专门针对儿童的润肤霜和爽肤水，希望借此打开儿童护肤品市场。为进一步提升产品竞争力，该企业需要为润肤霜和爽肤水设计包装。由于这两款产品的目标用户群体是儿童，因此包装的主题定位是"童趣、成长"。为了扩大企业影响力，形成品牌效应，该企业还针对润肤霜和爽肤水专门制作了一系列衍生品，包括吊牌、杯贴、手挽袋等。这些产品可作为赠品赠送给用户，以提升用户的好感度。在设计系列化包装时，要做到风格统一、造型相似，各包装的文字和色调也应相互保持较强的关联性。

9.2.2 项目要求

根据项目背景的描述，本项目在制作时主要有以下要求。

● 包装主题。制作主题为"童趣、成长"的系列化包装。

● 包装目的。提升产品竞争力，帮助产品打开儿童护肤品市场，并扩大企业影响力，形成品牌效应。

● 包装形式。围绕品牌Logo，通过吊牌、杯贴、手挽袋等衍生品包装，以及主要产品——润肤霜和爽肤水的包装，形成系列化包装。

● 包装风格。整体风格清新可爱，同一系列的多个包装的风格要保持统一。

9.3 | 知识准备

9.3.1 系列化包装的含义与作用

系列化包装是针对一个企业、一个商标或品牌的不同种类产品，用一种共性包装特征元素来统一进行设计与展现的包装，也是将包装的形态、色彩、产品名称以组合的方式形成格调统一的群包装。例如护肤品中具有同一种功效的水、乳、霜等，可作为同一系列进行包装。又如用同一种造型对不同口味的饮料进行系列化包装，便于进行产品推广。

护肤品包装
该包装采用相同的纹理进行设计，品牌名、图形、色调统一，属于系列化包装。

饮料包装
该系列化包装采用相同的造型，通过数字"1""2""3""4"来展示不同的口味，更具趣味性。

系列化包装设计的主要目的在于提高产品的识别性。借助统一的视觉面貌和使系列化包装风格一致的效果，可以与竞争对手争夺用户注意力。

9.3.2 系列化包装的设计要点

设计系列化包装时需要注意以下要点。

● 统一商标。商标是企业的形象，在系列化包装中统一商标可提升品牌识别性，提升产品的市场竞争力。

● 统一造型。在系列化包装中，将不同产品的包装统一造型，如统一排版方式、结构等，使包装形成系列化效果。如针对同一系列瓶装产品，可统一包装的设计方式、结构，形成系列化包装。

● 统一文字。在系列化包装中，文字的统一是十分重要的，其可以让同一系列不同产品的包装更协调。包括统一文字字体、文字颜色、文字排版等方面。

● 统一色调。根据产品的类别和特征，可在系列化包装中确定一种颜色作为系列化包装的主色，使用户能够通过颜色直接辨认出品牌，加深品牌在用户心中的印象。

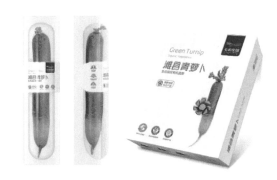

蔬菜包装
这一系列的蔬菜包装采用统一商标，统一造型方式，统一的字体、颜色、构图，具有和谐感和美观性。

9.4 | 项目设计思路

9.4.1 图形构思

在包装中，使用统一的Logo有助于形成系列化风格。由于产品的用户主要是儿童，因此在进行Logo设计时，可以将成长的小树作为主要图形，表现小树慢慢长成大树的过程，以切合主题"成长"。在背景图形的设计上，可将不同颜色的云朵作为设计点，效果简洁、美观，容易被儿童接受。

9.4.2 色彩构思

在色彩上，为了体现整个包装的清爽感，可以将白色、深蓝色作为主色，这些颜色是儿童用品的常用颜色，比较契合产品。而辅助色则以浅色为主，如淡紫色、浅粉色、淡蓝色等，这些颜色能给人一种温馨的感觉，各颜色的参数值如下。

9.4.3 文字构思

系列化包装中，统一风格、统一字体、统一布局方式的文字可让整个系列包装更具美观度和和谐感。本系列化包装的文字主要分为品牌文字和说明文字两个部分。

● 品牌文字。品牌文字主要是"夏麓"的汉字与拼音，采用具有趣味性的字体，让整个包装更富有童趣。

● 说明文字。说明文字主要用于对产品进行介绍，让用户更加了解产品。

9.5 │ 项目实施

扫一扫

操作视频

9.5.1 制作"夏麓"系列化包装Logo

下面制作"夏麓"系列化包装Logo，具体操作如下。

① 在Photoshop CC 2020中新建大小为"130毫米×130毫米"的图像文件。

② 新建图层，使用钢笔工具绘制伸展的树枝形状，并设置填充色为"#8f95be"。

③ 使用相同的方法在树枝的左侧绘制颜色为"#f5b9be"的树枝形状，并设置不透明度为"85%"。

④ 在图形的下方绘制小树形状，并设置渐变颜色为"#f4b8be"~"#5266a0"，完成后取消"背景"图层，按组合键【Shift+Ctrl+Alt+E】盖印图层，并保存图像（配套资源:\效果\项目9\Logo.psd）。

9.5.2 制作"夏麓"系列化包装吊牌

扫一扫

操作视频

下面制作"夏麓"系列化包装吊牌，具体操作如下。

① 新建大小为"55毫米×95毫米"的图像文件，并设置填充色为"#406398"。

② 新建图层，使用钢笔工具绘制不同形状的云朵，并设置填充色分别为"#f7c8ce""#c8e6e9""#194572"。

③ 将之前制作的Logo添加到吊牌的左上角，然后使用直排文字工具、横排文字工具分别输入文字"夏麓""XIALU"，并设置字体为"方正喵呜体"，保存图像，完成吊牌的制作（配套资源:\效果\项目9\"夏麓"系列化包装吊牌.psd）。

9.5.3 制作"夏麓"系列化包装杯贴

下面制作"夏麓"系列化包装杯贴，具体操作如下。

① 新建大小为"80毫米×60毫米"的图像文件。

② 新建图层，使用钢笔工具绘制不同形状的云朵，并设置填充色分别为"#f7c8ce""#c8e6e9""#194572"。

③ 使用横排文字工具输入文字"夏麓""XIALU"，并设置字体为"方正喵呜体"，保存图像，完成杯贴的制作（配套资源:\效果\项目9\"夏麓"系列化包装杯贴.psd）。

扫一扫

操作视频

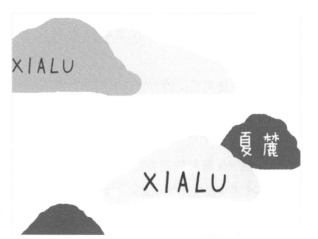

9.5.4 制作"夏麓"系列化包装手挽袋

下面制作"夏麓"系列化包装手挽袋，具体操作如下。

① 新建大小为"750毫米×345毫米"的图像文件。

② 使用直线工具绘制手挽袋轮廓，并对图层进行组合。然后使用钢笔工具绘制云朵，为云朵设置填充色，完成后对图层进行组合。

扫一扫

操作视频

③ 使用钢笔工具绘制手挽袋外轮廓，并设置填充色分别为"#f7c8ce""#184571"，然后将轮廓图层移动到最上方。

④ 使用椭圆工具在右上方绘制圆形，并添加Logo，然后在Logo的下方绘制颜色为"#f7c8ce"的云朵。

⑤ 使用直排文字工具输入文字，并设置字体为"方正喵呜体"，完成Logo的制作。

⑥ 使用直排文字工具在中间区域输入文字，并设置字体为"方正喵呜体"，完成手挽袋的制作（配套资源:\效果\项目9\"夏麓"系列化包装手挽袋.psd）。

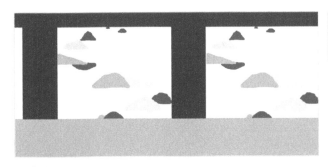

9.5.5 制作"夏麓"系列润肤霜包装

下面制作"夏麓"系列润肤霜包装，具体操作如下。

① 新建大小为"700毫米×400毫米"的图像文件，并设置填充色为"#000000"。

② 使用钢笔工具绘制护肤品包装的轮廓，并设置填充色为"#184571"。

③ 使用矩形工具在中间和上方板块绘制矩形，并使用直线工具绘制轮廓线。

④ 打开之前制作的Logo，将其拖曳到图像中，并调整大小和位置，然后使用钢笔工具绘制云朵，为云朵设置填充色，

扫一扫

操作视频

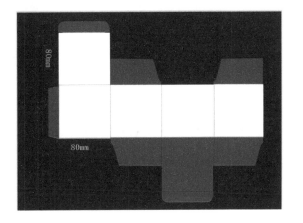

完成后对图层进行组合，并将
轮廓线图层移动到图层最上方。

⑤ 使用横排文字工具输入文
字，设置字体分别为"方正喵呜
体""新宋体"，并调整字体大小
和位置。

⑥ 添加条形码（配套资
源:\素材\项目9\条形码.psd），保
存图像，完成润肤霜包装的制作
（配套资源:\效果\项目9\"夏麓"
系列润肤霜包装.psd）。

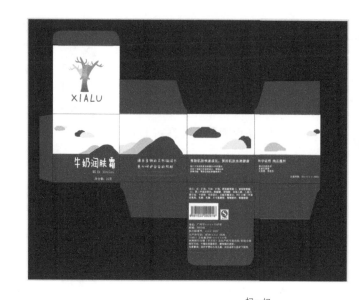

扫一扫

操作视频

9.5.6 制作"夏麓"系列爽肤水包装

下面制作"夏麓"系列爽肤水包装，具体操作如下。

① 新建大小为"50厘米×30厘米"的图像文件。

② 设置背景色为"#000000"，使用矩形工具在图像的中间区域绘制大小为"25厘
米×15厘米"的矩形。

③ 使用钢笔工具绘制不同形
状的云朵，填充颜色并添加Logo。

④ 使用横排文字工具输入文
字，并设置字体为"方正喵呜
体"，保存图像，完成爽肤水包装
的制作（配套资源:\效果\项目
9\"夏麓"系列爽肤水包装.psd）。

9.6 | 项目总结

本项目介绍了设计"夏麓"系列化包装的具体方法，下面对其知识结构进行梳理和

总结。

① 系列化包装主要以系列的形式进行展现，"夏麓"系列化包装主要包括Logo、吊牌、杯贴、手挽袋、润肤霜包装和爽肤水包装，整个系列从构思、设计、色彩上均做到了统一。

② 本项目的用户群体主要是儿童，在进行图案设计时，以茁壮成长的小树为设计点，体现了"童趣、成长"的包装主题。

③ 系列化包装的文字应保持统一。大体上看，整个项目采用统一的字体进行设计，符合系列化包装对文字的要求。

9.7 | 项目实训——设计"木梓"系列化包装

1. 实训背景

"木梓"是一家日用品企业，该企业的产品理念是"纯植物、天然"。经过多年研究，该企业发现将山茶花用到护手霜和手工皂中，能很好地起到补水的作用，于是推出了以山茶花为原材料的护手霜和手工皂，现要对这两种产品进行系列化包装设计。

2. 实训要求

本实训的具体要求和参考效果如下。

● 色彩。为了让包装能够系列化展现，该系列化包装以绿色为主色，体现产品纯植物和天然的特色；在辅助色上，以白色和黑色为主，便于显示重要内容。

● 图形。在图形上，以水墨形象的山茶花为设计点。晕染开的山茶花能使整体效果显得淡雅，更加符合产品的定位，更方便用户将产品和山茶花联系起来，符合系列化包装的要求。

● 文字。整个系列化包装的文字主要分为品牌文字和说明文字，品牌文字用于展现品牌名称，说明文字则用于对产品进行详细介绍。

3. 操作步骤

下面设计"木梓"系列化包装。该设计主要分为两个部分，第一部分是设计护手霜包装，第二部分是设计手工皂包装。

（1）设计护手霜包装

① 启动Photoshop CC 2020，新建大小为"11厘米×9厘米"的图像文件。

② 新建图层，设置填充色为"#e8eed9"，打开"'木梓'系列化包装素材.psd"图像文件（配套资源:\素材\项目9\"木梓"系列化包装素材.psd），将其中的素材依次拖曳到图像中，调整大小和位置。

③ 使用矩形工具、自定形状工具在图像的下方绘制形状，并设置填充色分别为"#5c642c""#fafaf7"，完成后对图层进行合并操作。

④ 使用横排文字工具输入文字，并设置字体分别为"Constantia""宋体""幼圆""黑体"。

⑤ 使用直线工具、圆角矩形工具绘制直线和圆角矩形，对文字进行隔断。

扫一扫

操作视频

⑥ 添加条形码和许可证等素材，完成护手霜包装的设计（配套资源:\素材\项目9\"木梓"系列护手霜包装.psd）。

（2）设计手工皂包装

① 启动 Photoshop CC 2020，新建大小为"16厘米×12.6厘米"的图像文件。

② 新建图层，设置填充色为"#bfc4a3"。

③ 使用钢笔工具绘制整个包装的轮廓，并设置填充色为"#575f2b"。

④ 打开"'木梓'系列化包装素材.psd"图像文件，将其中的素材依次拖曳到图像中，并调整大小和位置，然后使用椭圆工具在图像的左侧绘制圆形。

⑤ 使用横排文字工具输入文字，并设置字体为"黑体"。

⑥ 添加条形码和许可证等素材，完成手工皂包装的设计（配套资源:\素材\项目9\"木梓"系列手工皂包装.psd）。

9.8 | 课后练习

本练习将针对音乐节所推出的CD专辑设计系列化包装，在该包装中要将音乐节的氛围、CD品质等体现出来，还要具备美观性和实用性，参考效果如下页图所示（配套资源:\效果\项目9\CD包装1.psd、CD包装2.psd）。

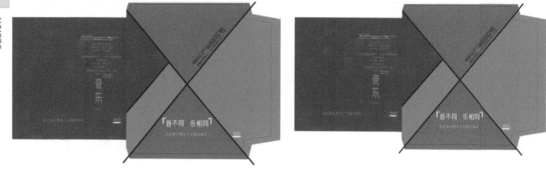

9.9 | 知识拓展——系列化包装表现形式

系列化包装设计的表现形式可分为以下4种。

● 同类产品，其包装结构、图案、文字统一，但颜色存在变化。

● 同类产品，其包装图案、文字、颜色统一，但规格、结构存在变化。

● 同类产品，其包装文字统一，但规格、图案、颜色存在变化。

● 同类产品，其包装规格统一，但图案、颜色、文字存在变化。